系统工程视角的
复杂产品系统创新管理

刘　航◎著

中国原子能出版社

图书在版编目（CIP）数据

　系统工程视角的复杂产品系统创新管理 / 刘航著
. --北京：中国原子能出版社，2019.7
　ISBN 978-7-5022-9924-8

　Ⅰ．①系…　Ⅱ．①刘…　Ⅲ．①知识创新一研究　Ⅳ.
①G302

中国版本图书馆 CIP 数据核字（2019）第 156723 号

内 容 简 介

　　本书对系统工程视角的复杂产品系统创新管理进行了研究，主要内容包括：复杂系统分析方法、复杂系统建模与仿真、复杂系统可靠性、复杂产品系统管理、系统工程视角的复杂产品系统创新等。本书强调理论阐述以问题为导向、紧密联系实际，突出理论的实用性，并尽可能反映近年来该领域的新成果，论述严谨，条理清晰，是一本值得学习研究的著作。

系统工程视角的复杂产品系统创新管理

出版发行	中国原子能出版社（北京市海淀区阜成路 43 号　100048）	
责任编辑	张　琳	
责任校对	冯莲凤	
印　　刷	北京亚吉飞数码科技有限公司	
经　　销	全国新华书店	
开　　本	787mm×1092mm　1/16	
印　　张	17	
字　　数	220 千字	
版　　次	2019 年 9 月第 1 版　2024 年 9 月第 2 次印刷	
书　　号	ISBN 978-7-5022-9924-8	定　价　82.00 元

网址：http://www.aep.com.cn　　　E-mail:atomep123@126.com
发行电话：010—68452845　　　　　版权所有　侵权必究

前　言

　　系统工程是一门把已有学科分支中的知识有效地组合起来用以解决综合性问题的工程技术。它综合利用各学科的思想与方法,用不同方法从不同视角来处理系统各部分的配合与协调,借助于数学方法与计算机工具来规划和设计、组建、运行整个系统,使系统的技术、经济、社会要求得以满足。它是系统科学体系的一个重要组成部分,应用领域包括社会、经济、环境、科学技术等各个方面。

　　复杂产品系统(Complex Products and Systems,CoPS)由大型技术系统演化而来,特指一些研究开发成本大、技术含量高、小批量定制化、集成度高的大型产品、系统或基础设施,主要包括大型电信通信系统、大型计算机、航空航天系统、智能大厦、电力网络控制系统、大型船只、高速列车、信息系统等。复杂产品系统对于人类社会的发展起到了巨大的推动作用。从莱特第一次飞上天空到阿波罗登月,复杂产品系统发展十分迅猛且日新月异,人们每天都在享受着复杂产品系统和创新带来的快乐和方便。

　　由于复杂产品系统研制和开发综合程度高,涉及多个技术领域,能够推动多个相关产业的发展及相关产业链的升级,因此复杂产品系统与现代工业休戚相关,在经济社会中扮演着越来越重要的角色,体现出一个国家的综合国力和产品的国际竞争能力。复杂产品系统创新的成功与否对于企业的成长性和生存性来说也是极其重要的,是企业保持其竞争优势的技术支撑。国外发达国家非常重视复杂产品系统的研究,他们将复杂产品系统作为技术创新牵引力、高附加值创造者予以重点扶植,在不断的实践过程中积累总结出对复杂产品系统的研发创新规律、模式和应用系统。我国改革开放以来十分重视复杂产品系统的研究和创新问题,通过不断努力基本建立起比较完善的体系。但由于我们整体基础弱、技术储备少、事件经验不足,仍缺乏对复杂产品系统研究创新模式和方法的深入研究与探索。在我国复杂产品系统的创新实践中,各行业在分析研究借鉴国外先进经验的基础上摸索和建立了有特色的创新模式和实施方法,包括复杂产品系统创新的质量控制模型研究、基于知识视角改进的复杂产品系统创新过程研究、面向复杂产品系统创新的知识流动模型研究、基于改进 Petri 网的复杂产品系统项目规划模型研究、基于隐性需求开发的复杂产品系统创新模型研究、基于 DSM 模糊评价的复杂产品开发模式研究等。探索研究适应新形势下复杂产品系统创新方法具有重要的现实和长远意义。

系统工程作为一种现代科学技术在处理大规模复杂系统问题方面扮演着越来越重要的角色,它可以跨越各个学科领域,因为其思想与方法适用于许多领域,因为每个领域都有一些带有整体、全局性的问题需要综合处理,因此,可在系统工程的视角下对复杂产品系统进行研究。

本书共 6 章。第 1 章为引言,第 2 章为复杂系统分析方法,第 3 章为复杂系统建模与仿真,第 4 章为复杂系统可靠性,第 5 章为复杂产品系统管理,第 6 章为系统工程视角的复杂产品系统创新。

本书在撰写过程中以作者在系统工程及复杂产品系统创新管理方面的研究工作为基础,参考并引用了国内外专家学者的研究成果和论述,在此向相关内容的原作者表示诚挚的敬意和谢意。

由于作者水平有限,加之时间仓促,错误和遗漏在所难免,恳请读者批评指正。

作　者

2018 年 11 月

目　录

1 引 言

　　我们在日常生活中、新闻报道中常常会听到"系统工程"一词。例如，"神舟九号"任务飞行乘组的航天员刘旺在接受采访时说道："我能保证百分之百，不仅是相信自己的实力，更相信我们团队的实力，相信我们全系统工程人员。他们细致的工作，以及产品的质量，都给我信心。"又如，领导讲话中会提到"深入推进廉洁乡村（社区）工程、权力运行'阳光工程'、廉政风险防控工程、科技防腐工程、改革创新驱动工程等五大系统工程"。那么究竟什么是系统工程呢？本章将对系统工程的产生与发展，定义与特征以及发展趋势进行介绍。

1.1　系统工程的产生与发展

　　回首整个历史发展的漫长历程可以发现，当人类每次在解决了某些重要的问题时，如果用现代科技眼光去重新审视，解决这些问题的手法无一例外地体现了系统工程的思想，包含着系统工程的原理。从两河流域的人类建造出古巴比伦的空中花园和令世人叹为观止的埃及金字塔，到古希腊神庙的修建、巴拿马运河的开凿，以及中国的都江堰水利工程等，不仅凝聚了人类智慧的结晶，这些浩大工程背后隐藏的以系统工程的组织方式解决问题的思维也是最具价值的，也使得这些伟大的工程成为人类研究系统工程的经典范例。

　　事实上，在历史发展的长河中，不论是中国还是外国，像都江堰水利工程这样结合系统思想的杰出工程不计其数。然而，这些工程和在现代科技指导下进行的系统工程并不能相提并论,这是因为这些工程虽然具有系统的思想,但完全是古人在没有任何意识的情况下体现出来的。他们在长期的工程实践中,总结了许多实践经验,所有工程的成功实施主要依靠这些经验作为支持,但是这仅仅是一种经验,他们并没有将这种经验理论化成一种系统思想并作为建造工程的相关指导,同样,当时也不存在"系统工程"这个概念。

系统工程(System Engineering)产生于 20 世纪 40 年代,在 60 年代形成了体系。20 世纪 40 年代,美国的贝尔电话公司在发展通信网络时,为缩短科学技术从发明到投入使用的时间,认识到不能只注意电话机和交换台站等设备,更需要研究整个系统,于是采用了一套新方法,首次提出"系统工程"一词。

第二次世界大战期间,由于战争的需要,也由于垄断性大企业对经营管理技术的需求,产生和发展了运筹学。运筹学的广泛应用,以及在这前后出现的信息论、控制论等为系统工程的发展奠定了理论基础,是系统工程产生和发展的重要因素。而电子计算机的出现和应用,则为系统提供了强有力的运算工具和信息处理手段,成为实施系统工程的重要物质基础。美国在研制原子弹的"曼哈顿"计划的实践中,运用系统工程方法取得了显著成效,对推动系统工程的发展取得了一定的作用。

1957 年,美国密执安大学的哥德(A. H. Goode)和麦科尔(R. E. Machol)两位教授合作出版了第一部以"系统工程"命名的书。

1958 年美国海军特种计划局在研制"北极星"导弹的实践中,提出并采用了"计划评审技术(PERT)",使研制工作提前两年完成,从而把系统工程引入管理领域。

1965 年,麦科尔编写了《系统工程手册》一书,比较完整地阐述了系统工程理论、系统方法、系统技术、系统数学、系统环境等内容。至此,系统工程初步形成了一个较为完整的理论体系。

1969 年,"阿波罗"登月计划的实现是系统工程的光辉成就,它标志着人类在组织管理技术上迎来了一个新时代。该计划历时 11 年(1961—1972 年),参加的工程技术人员 42 万人,参与的企业 2 万多家,大学和研究机构 120 所,涉及 1000 万个零部件,使用电子计算机 600 多台,耗费 300 多亿美元,涉及包括火箭工程、控制工程、通信工程、电子工程、医学、心理学等多个学科。"阿波罗"飞船和"土星五号"运载火箭,有 860 多万个零部件,有众多的子系统。各子系统之间纵横交错,相互联系,相互制约。由于使用了系统工程的理论和方法,结果提前两年将 3 名宇航员送到月球。在系统工程领域,阿波罗登月计划被称为杰出应用的典范。

20 世纪 70 年代前后,是系统科学迅猛发展的重要时期,系统工程的理论与方法日趋成熟,其应用领域也不断扩大,其重大进展有三个:一是以自然科学和数学的最新成果为依托,出现了一系列基础科学层次的系统理论,为系统工程提供了知识准备;二是围绕解决环境、能源、人口、粮食、社会等世界性危机开展了一系列重大交叉课题研究,使系统研究与人类社会各方面紧密联系起来;三是在贝塔朗菲、哈肯、钱学森等一批学者的努力下,系统科学体系的建立有了重大进展,系统科学开始从分立状态向整合方向发展。

进入 20 世纪 70 年代以来,系统工程发展到解决大系统的最优化阶段,其应用范围已超出了传统工程的概念。从社会科学到自然科学,从经济基础到上层建筑,从城市规划到生态环境,从生物科学到军事科学,无不涉及系统工程,无不需要系统工程。至此,系统工程经历了产生、发展和初步形成阶段。

20 世纪 70 年代末,有关复杂性科学方面的研究开始兴起。

1984 年,国外一些思想比较活跃的科学家在三位诺贝尔奖得主——物理学家盖尔曼、安德逊和经济学家阿罗等的支持下,和一批从事物理、经济、理论生物、人类学、心理学、计算机等研究的学者来到美国有影响的圣塔菲研究所(Santa Fe Institute,SFI)进行复杂性研究,试图由此通过学科交叉和学科间的融合来寻求解决复杂性问题的途径。

20世纪90年代以后,非线性系统理论的迅速发展,针对复杂系统的研究无论从理论上还是从实践上都取得了长足进展,如复杂适应系统理论(Complex Adaptive System,CAS)就是系统科学中引人注目的一个新领域。

系统工程作为一门新兴的综合性交叉学科,无论在理论上、方法上、体系上都处于发展之中,它必将随着生产技术、基础理论、计算工具的发展而不断发展。

1.1.1 系统工程的定义与特征

1. 系统工程的定义

系统工程是一个前沿化的概念,作为一门横向交叉科学,系统工程正处在不断发展和完善的过程中,到目前为止还没有一个统一的科学定义。不少学者曾尝试给系统工程下定义,比较有代表性的有以下几种。

美国学者切斯纳指出:"虽然每个系统都是由许多不同的特殊功能部分所组成,而且这些功能部分之间又存在着相互联系,但是每一个系统都是完整的整体,每个系统都要求有一个或若干目标。系统工程则是按照各个目标进行权衡,全面求得最优解(或满意解)的方法,并使得各组成部分能够最大限度地相互适应。"

1976年,美国科学技术辞典的定义是:"系统工程是研究彼此密切联系的许多要素所构成的复杂系统的科学。在设计这种复杂系统时,应有明确的预定功能及目标,而在组成它的各要素之间及各要素与系统整体之间又必须能够有机地联系、配合协调,致使系统总体达到最优目标。在设计时还要考虑到参与系统中人的因素和作用"。

1967年日本工业标准(JIS)规定:"系统工程是为了更好地达到系统目标,而对系统的构成要素、组织结构、信息流动和控制机制等进行分析与设计的技术。"

日本学者三浦雄武指出:"系统工程与其他工程学不同之处在于它是一门跨越许多学科的科学,而且是填补这些学科边界空白的边缘科学。因为系统工程的目的是研究系统,而系统不仅涉及工程学的领域,还涉及社会、经济和政治领域。为了圆满解决这些交叉领域问题,除了需要某些纵向的专门技术之外,还要有一种技术从横的方向把它们组织起来,这种横向技术就是系统工程。换句话说,系统工程就是研究系统所需要的思想、技术、方法和理论等体系的总称。"

《中国大百科全书·自动控制与系统工程卷》给出的定义:"系统工程是从整体出发合理开发、设计、实施和运用系统的工程技术。它是系统科学中直接改造世界的工程技术。"

1978年我国著名学者钱学森在他的著作《论系统工程》中指出:"系统工程是组织管理系统的规划、研究、设计、制造、试验和使用的科学方法,是一种对所有系统都具有普遍意义的科学方法。""系统工程是一门组织管理的技术。"

综上所述,系统工程是从总体出发,合理开发、运行和革新一个大规模复杂系统所需思想、理论、方法论、方法与技术的总称,属于一门综合性的工程技术。它是按照问题导向的原则,根据总体协调的需要,把自然科学、社会科学、数学、管理学、工程技术等领域的相关思想、理论、方法等有机地综合起来,应用定量分析与定性分析相结合的基本方法,采用现代信息技术等技术手段,对系统的功能配置、构成要素、组织结构、环境影响、信息交换、反馈控制、行为特点等进行系统分析,最终达到使系统合理开发、科学管理、持续改进、协调发展的目的。

系统工程在自然科学与社会科学之间架设了一座沟通的桥梁。现代数学方法和计算机技术等,通过系统工程为社会科学研究增加了极为有用的量化方法、模型方法、模拟方法和优化方法。

系统工程也为从事自然科学的工程技术人员和从事社会科学的研究人员的相互合作开辟了广阔的道路。

2. 系统工程的特点

系统工程的主要特点可归纳为以下几个方面。

(1)系统工程的技术性本质。系统工程是一门工程技术,其中不仅包括改造自然界过程中直接施工者的各种实践活动,如建筑屋宇、制造机器、架桥筑路等,而且也包括工程指挥者的各种组织管理实践活动。在许多情况下,这两种实践活动是紧密联系在一起的。系统工程不是理论体系,它不强调学术观点。系统工程是在做出战略决策和制定路线、方针和政策之后解决如何实施的技术和方法。当然作为某种方法,系统工程也可用到决定大政方针的过程中去。

(2)系统工程强调系统观点。一方面,系统工程强调研究对象的系统性。从时间的角度中看,系统工程把系统的运动过程看做由许多相互关联的阶段、步骤或工序组成的过程集合体,强调把握全过程,从全过程出发照应各个阶段的衔接。从空间的角度上看,系统工程把研究对象看做由各部分组成的整体,强调了自然界各组分之间的相互联系,从系统的整体出发处理所有问题。另一方面,系统工程还强调所用方法的系统性。作为一种知识体系,系统工程是利用系统科学的各种概念、原理和方法解决组织管理问题的各种专业和学科的总称。在研究系统问题过程中,特别是在研究复杂系统问题过程中,系统工程通常采用多种方法相结合或多种方法交替使用的方式,使系统以最优的路径达到其目标。

(3)系统工程的综合性。工程技术的对象通常都是多样性的综合,作为过程技术的系统工程不能回避客观对象的多样性和复杂性。系统工程的综合性表现在:研究对象的综合性、应用科学知识的综合性、使用物质手段的综合性、考核效益的综合性,等等。系统工程在处理现代复杂大系统的过程中要涉及自然科学、社会科学、数学、技术科学等广泛的领域,需要运用多学科的成果,需要多方面的专家合作。

(4)系统工程的创造性。运用系统工程解决复杂的系统问题需要有高度的工程想象力和创造性思维;探索系统工程应用的新途径、新方向需要在观念上有新的突破,要提出新思想、新概念;要有洞察力,善于把似乎与工程实践无多大关系的新理论、新观点和新方法引入工程问题,开辟解决技术问题的新路子。系统工程需要科学性和艺术性的统一。

(5)系统工程的广泛适用性。系统工程的应用领域十分广泛,主要有工程系统、社会系统、经济系统、农业系统、企业系统、科学技术管理系统、军事系统、环境生态系统、人才开放系统、运输系统、能源系统和区域规划系统等。

1.1.2　系统工程的发展趋势

20 世纪 60 年代初,我国在导弹研制过程中建立了总体设计部,采用了计划协调技术。20 世纪 70 年代后期,我国科学家钱学森、许国志、王寿云发表了《组织管理的技术——系统工程》的文章,把系统工程看成是系统科学中直接改造客观世界的工程技术,对中国的系统工程的发展和应用起到了极大的推动作用。在随后几十年的时间里,系统工程的应用范围逐渐扩展到社会中的各个领域,并且形成了一些专门的系统工程:社会系统工程、经济系统工程、交通运输系统工程、能源系统工程、军事系统工程等。1980 年,我国成立了系统工程学会,迅速推动了我国系统工程的研究和应用。

目前系统工程的发展趋势主要有以下几个方面。

(1)系统工程作为一门交叉学科,日益向多学科渗透和交叉发展。由于自然科学与社会科学的相互渗透日益深化,为了使科学技术、经济、社会协调发展,需要社会学、经济学、系统科学、数学、计算机科学与各门技术学科的综合应用。

另一方面,社会经济系统的规模日益庞大,影响决策的因素越来越复杂,在决策过程中有许多不确定的因素需要考虑。因此,现代决策理论中不仅要应用数学方法,还要应用心理学和行为科学,同时还需要广泛应用计算机这个现代化工具,形成决策支持系统和以计算机为核心的决策专家系统。

(2)系统工程作为一门软科学,日益受到人们的重视。从20世纪70年代开始,人们在重视硬技术的同时也注重起软技术,并探讨人在系统中的作用,对系统的研究也从"硬件(Hardware)"扩展到"软件(Software)",后来又提出"斡件(Orgware)",即协调硬件与软件的技术,近年来又有人提出要研究"人件(Humanware)",即探讨人类活动系统。

系统工程的研究对象往往可以分为"硬系统"和"软系统"两类。所谓硬系统一般是偏工程、物理型的,它们的机理比较清楚,因而比较容易使用数学模型来描述,有较多的定量方法可以计算出系统的最优解。这种硬系统虽然结构良好,但常常由于计算复杂,计算费用昂贵,有时不得不采取一些软方法处理,如人—机对话方法、启发式方法等,引入人的经验判断,使复杂的问题得以简化。

所谓软系统一般是偏社会、经济的系统,它们的机理比较模糊,完全用数学模型来描述比较困难,需要用定量与定性相结合的方法来处理。其一个主要特点就是在系统中加入了人的因素,吸取人的智慧与直觉。当然,软系统也可以用近似的硬系统来代替。这种软系统的"硬化"处理,首先是要把某些定性的问题定量化,然后采取定量为主、定性为辅的方法来处理。

(3)系统工程的应用领域日益扩大,进而推动系统工程理论和方法的不断发展与完善。近年来,模糊决策理论、多目标决策和风险决策的理论和方法、智能化决策支持系统、系统动力学、层次分析法、情景分析法、冲突分析、柔性系统分析、计算机决策支持系统、计算机决策专家系统等方法层出不穷,展示了系统工程广阔的发展远景。

钱学森先生提出"开放的复杂巨系统"的概念,对于系统科学的发展是一个重大突破,也是一项开创性贡献。这一科学思想认为,解决开放的巨系统问题,需要从定性到定量的综合集成方法,需要将专家群体的经验、智慧、数据、信息和计算机有机结合。从定性到定量往往是螺旋式循环进行的,通过综合集成,可以激发出新的思想和智慧的火花,使认识逐步逼近实际。

1.2 系统工程中的复杂系统

有人提出了所谓"复杂系统工程"或"复杂系统的系统工程"这样的概念,并且认为它是传统系统工程的扩充和发展。目前这还是一个设想,尽管当前已经有了一些建立复杂系统工程的尝试,但都带有一定的权宜性和局限性,因为复杂系统还没有一个众所公认的定义,复杂系统的一些特殊形态和功能也还有待进一步探索,因此真正建立方法体系还需要做很多理论和实践方面的工作。

1.2.1 传统系统工程与复杂系统工程

复杂系统工程的内容与传统系统工程内容之间的关系有三种:第一种是两方面的内容完全一致,这包括在传统系统工程发展阶段已经建立起来的系统基本概念、基本方法;第二种只是复杂程度的不同,原有的概念和方法仍能运用,只是处理时比较繁杂;第三种则是复杂系统工程中的一些新概念、新方法。人们关注的是第三种。

以下几点为传统系统工程和复杂系统工程的区别,可以帮助人们认识复杂系统工程的特点:

(1)传统系统工程的成果是可以复制的,例如,可以按照同样过程开发同样系统;而复杂系统工程的成果是各不相同的,例如不会有完全相同的两个企业。

（2）传统系统工程的成果是满足既定规格的；而复杂系统工程的成果是不断演化的，其复杂性不断增加。

（3）传统系统工程的成果具有事先确定的边界；而复杂系统工程成果的边界是模糊的。

（4）传统系统工程在成果实现的过程中，一些不需要的可能性是被剔除的；而复杂系统工程在演化过程中不断地在搜寻和评价有用而可行的可能性。

（5）在传统系统工程中，系统是由外面的主体进行集成的；而复杂系统工程则是自行集成和再集成的。

（6）在传统系统工程中，每次成果实现后就中止开发；而复杂系统工程的演化是没有终止的。

（7）在传统系统工程中，当不需要的可能性和内部摩擦的来源（资源的竞争、对同样输入的不同解释）全剔除之后，成果的开发就有望完成了；而在复杂系统工程中要同时依靠内部的合作与内部的竞争，以激励演化。

1. 复杂系统工程的特点

上述对比揭示出实施复杂系统工程时的一些特点，这些特点是由于复杂系统的固有特性所引起的。

对于复杂系统的处理，应该把握以下一些特点：

（1）为了理解复杂系统，需要使用多尺度描述。例如，对人体就要有分子、细胞、组织、器官、系统这几个尺度，对于公司财务就要有年度、季度、月度这几个时间尺度。

（2）微小的变动会引起大范围的变化。例如，一段铁路由于山体滑坡形成阻塞而导致很大一个区域内行车时刻表的变更。

（3）模式的形成。系统的工作模式是在演化过程中形成的，复杂系统不像简单系统那样只有一种模式，而是在不同内外条件下形成不同的模式。

（4）多种稳态。由于非线性的作用，不同的初始状态会趋近不同的稳态。

(5)系统复杂程度的度量。有人认为,系统的复杂程度可以用描述系统的信息量的多少来衡量,但是这里有一个尺度问题,不同尺度的描述信息量是不同的。例如,一个书架上有几十本书,如果仅按书名分类来描述就非常简单;如果要想描述书的内容细节,信息量就会大得惊人。

(6)行为(反应)的复杂性。描述系统对外部每一种作用的反应信息,会随着环境的复杂性呈指数增加。

(7)涌现。前面已经讲到,涌现是系统的基本特征,在复杂系统中,常常有出乎意料的现象涌现,其中有些是有益的,有些是有害的。

(8)7±2法则。这涉及系统各部分之间的依赖问题。当系统划分成各个组件并需要研究相互之间的关系时,每一个组件会依赖多少其他组件?答案是大约7个(或增减2个)。

(9)系统的描述与系统本身的关系。这涉及建模和算法复杂性问题。

(10)选择是一种信息。用来说明一个系统所需的信息量,来自系统所有可能的状态与描述中的可能状态的对比。选择可以看做相应的信息。

(11)组合。有时候新的复杂系统是由其他复杂系统组合而成的(例如后面我们要讲到的"系统的系统")。

(12)控制的层次。涉及集中还是分散控制的问题。

(13)建模和仿真。在复杂系统的研究中,仿真占有重要地位。

2. 复杂系统工程的规则

学者们提出了复杂系统工程的以下规则:

(1)要有意识地把注意力放到开发环境之上;

(2)在运行时塑造发展;

(3)要辨识成果空间,而不是特定的成果;

(4)确立对各组成部分的激励——赏罚,使复杂系统能够进入目标成果空间；

（5）对实际结果进行评判；

（6）刺激发展；

（7）不断进行塑造（审度目前条件，但要注意不要消除多样性）；

（8）加强安全管理（通过诊治与规定权限）；

（9）要有发展的戒律；

（10）统筹兼顾（在发展和运行两方面，在开发者、运行者和工具诸方面）。

上面这些概念对于复杂系统工程方法的形成有着重要的影响，但是作为系统工程方法体系，还需要有一些贯穿各种概念的主线。

有人提出应用演化工程的方法来处理复杂系统工程问题。这种方法借鉴于生命系统的进化过程，其要点在于以下八个重要概念：

（1）应该着重于建立环境和过程，而不是产品（成果）。由于系统中不断进行的变化是一种创新过程，所以对这种变化要进行鼓励和保护。

（2）要在现有的基础上不断进行构建。由于复杂系统工程几乎是不可能离线进行的，而且实际的功能需求规格不可能在实施之前就确定和测试，因此复杂系统中的正确预期和测试依赖运作过程的当时结果。

（3）单个的组件必须能够就地改动。由于系统中的组件的相互依赖性，单个组件需要能够就地改动。

（4）可运作的系统应该包括多种类型的功能组件。复杂系统应该看做一个种群，而不是独特组件的固定组合。单个组件应该能在功能和相互关联上有所交叠。演化过程既会影响到种群，也会影响到单个组件。

（5）要使用并行的开发过程。组件种群的存在允许并行开发去探索能够改进组件或者整个系统能力的作用。

（6）就地进行实验评价。测试与实验越来越交叠。在多样性较大的运行环境中,离线测试只是就地测试的一个序曲。在后来的就地测试中会把不运用的去掉。

(7)逐步增加更有效的组件的使用。当运行正在进行而测试尚未完成时,组件不能突然更换。可以选择增补与并行运行的方法。

(8)对指定问题的有效解是无法预先规定的。在多重并行探索和发现过程中,对有效解的规定是不能设想的。

1.2.2 常见的复杂系统

1. 串联系统

串联系统是我们最熟悉的一种复杂系统,如图 1-1 所示。

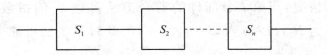

图 1-1 串联系统

该系统由 n 个部件串联而成,即任一部件失效就会引起系统失效。图 1-1 表示 n 个部件组成的串联系统,令第 i 个部件的寿命为 X_i,可靠度为 $R_i(t) = P\{X_i > t\}$,$i = 1, 2, \cdots, n$。假定 X_1,$X_2, \cdots, X_n$ 相互独立,若初始时刻 $t = 0$,所有部件都是新的,且同时开始工作。

显然,上述串联系统的寿命为

$$X = \min\{X_1, X_2, \cdots, X_n\}$$

系统的可靠度函数为

$$R(t) = P\{\min\{X_1, X_2, \cdots, X_n\} > t\}$$
$$= P\{X_1 > t, X_2 > t, \cdots, X_n > t\}$$
$$= \prod_{i=1}^{n} P\{X_i > t\}$$
$$= \prod_{i=1}^{n} R_i(t)$$

当第 i 个部件的失效率为 $\lambda_i(t)$ 时,则系统的可靠度为

$$R(t) = \prod_{i=1}^{n} \exp\left\{-\int_0^t \lambda_i(u)\,\mathrm{d}u\right\}$$

$$= \exp\left\{-\int_0^t \sum_{i=1}^{n} \lambda_i(u)\,\mathrm{d}u\right\}$$

系统的失效率为

$$\lambda(t) = -\frac{R'(t)}{R(t)} = \sum_{i=1}^{n} \lambda_i(t)$$

因此,一个由独立部件组成的串联系统的失效率是所有部件的失效率之和。对于串联系统,若有 $\lim\limits_{t \to +\infty} tR(t) = 0$,则该系统的平均寿命可以表示为

$$\mathrm{MTTF} = \int_0^\infty R(t)\,\mathrm{d}t = \int_0^\infty \exp\left\{-\int_0^t \lambda(u)\,\mathrm{d}u\right\}\mathrm{d}t$$

特殊情况:当第 i 个部件的寿命遵从参数 λ_i 的指数分布时,其可靠度为 $R_i(t) = e^{-\lambda_i t}$,$i = 1, 2, \cdots, n$,此时系统的可靠度和平均寿命为

$$R(t) = \exp\left\{-\sum_{i=1}^{n} \lambda_i t\right\}$$

$$\mathrm{MTTF} = \frac{1}{\sum\limits_{i=1}^{n} \lambda_i}$$

进一步,当 $R_i(t) = e^{-\lambda t}$,$i = 1, 2, \cdots, n$,有

$$R(t) = e^{-n\lambda t}$$

$$\mathrm{MTTF} = \frac{1}{n\lambda}$$

2. 并联系统

该系统由 n 个部件并联而成,即只当这 n 个部件都失效时系统才失效,如图 1-2 所示。

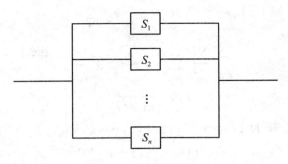

图 1-2　并联系统

对此并联系统,令第 i 个部件的寿命为 X_i,假定 $X_1,X_2,\cdots,$ X_n 相互独立,其可靠度记为 $R_i(t),i=1,2,\cdots,n$。

若初始时刻 $t=0$,所有部件都是新的,且同时开始工作,则易知并联系统的寿命为

$$X=\max\{X_1,X_2,\cdots,X_n\}$$

于是该系统的可靠度为

$$\begin{aligned} R(t) &= P\{\max\{X_1,X_2,\cdots,X_n\}>t\}\\ &= 1-P\{\max\{X_1,X_2,\cdots,X_n\}\leqslant t\}\\ &= 1-P\{X_1\leqslant t,X_2\leqslant t,\cdots,X_n\leqslant t\}\\ &= 1-\prod_{i=1}^{n}[1-R_i(t)] \end{aligned}$$

特殊情况:当第 i 个部件的寿命遵从参数 λ_i 的指数分布时,其可靠度为 $R_i(t)=\mathrm{e}^{-\lambda_i t},i=1,2,\cdots,n$,则

$$R(t)=1-\prod_{i=1}^{n}[1-\mathrm{e}^{-\lambda_i t}]$$

上式可改写为

$$\begin{aligned} R(t) &= \sum_{i=1}^{n}\mathrm{e}^{-\lambda_i t}-\sum_{1\leqslant i<j\leqslant n}\mathrm{e}^{-(\lambda_i+\lambda_j)t}+\cdots\\ &\quad +(-1)^{i-1}\sum_{1\leqslant j_1<\cdots<j_i\leqslant n}\mathrm{e}^{-(\lambda_{j_1}+\lambda_{j_2}+\cdots+\lambda_{j_i})t}+\cdots\\ &\quad +(-1)^{n-1}\mathrm{e}^{-(\lambda_1+\lambda_2+\cdots+\lambda_n)t} \end{aligned}$$

容易验证 $\lim_{t\to+\infty}tR(t)=0$,因而系统的平均寿命

$$\mathrm{MTTF} = \int_0^\infty R(t)\mathrm{d}t$$

$$= \sum_{i=1}^n \frac{1}{\lambda_i} - \sum_{1 \leqslant i < j \leqslant n} \frac{1}{\lambda_i + \lambda_j} + \cdots$$

$$+ (-1)^{n-1} \frac{1}{\lambda_1 + \lambda_2 + \cdots + \lambda_n}$$

进一步，若 $R_i(t) = e^{-\lambda t}$, $i=1,2,\cdots,n$, 则

$$R(t) = 1 - (1 - e^{-\lambda t})^n$$

$$\mathrm{MTTF} = \sum_{i=1}^n \frac{1}{i\lambda}$$

因为

$$\mathrm{MTTF} = \int_0^{+\infty} \left[1 - (1 - e^{-\lambda t})^n \right] \mathrm{d}t$$

令

$$y = 1 - e^{-\lambda t}$$

那么

$$\mathrm{d}t = \frac{1}{\lambda} \frac{1}{1-y} \mathrm{d}y$$

所以

$$\mathrm{MTTF} = \frac{1}{\lambda} \int_0^1 (1 - y^n) \frac{1}{1-y} \mathrm{d}y = \frac{1}{\lambda} \int_0^1 \sum_{i=0}^{n-1} y^i \, \mathrm{d}y = \sum_{i=1}^n \frac{1}{i\lambda}$$

系统的失效率是

$$\lambda(t) = \frac{n\lambda e^{-\lambda t}(1 - e^{-\lambda t})^{n-1}}{1 - (1 - e^{-\lambda t})^n}$$

3. 表决系统

由 n 个部件组成的系统，当 n 个部件中有 k 个或 k 个以上部件正常工作时，系统才正常工作 $(1 \leqslant k \leqslant n)$，即当失效的部件数大于或等于 $n-k+1$ 时，系统失效，这样的系统简记为 $k/n(G)$ 系统。假设 $X_1, X_2, \cdots, X_n$ 分别是这 n 个部件的寿命，且它们相互独立，若每个部件的可靠度均为 $R_0(t)$。

若初始时刻所有部件都是新的，且同时开始工作，则系统的

可靠度为

$$R(t) = \sum_{j=k}^{n} \binom{n}{j} P\{X_{j+1}, \cdots, X_n \leqslant t < X_1, \cdots, X_j\}$$

$$= \sum_{j=k}^{n} \binom{n}{j} R_0^i(t) [1 - R_0(t)]^{n-j}$$

$$= \frac{n!}{(n-k)!(k-1)!} \int_0^{R_0(t)} x^{k-1} (1-x)^{n-k} dx$$

若部件寿命存在密度函数 $f_0(t)$，则系统的失效率是

$$\lambda(t) = \frac{f_0(t) R_0^{k-1}(t) [1 - R_0(t)]^{n-k}}{\int_0^{R_0(t)} x^{k-1} (1-x)^{n-k} dx}$$

进一步，若每个部件的寿命都服从参数为 λ 的指数分布，这时 $R_0(t) = e^{-\lambda t}$，则有

$$R(t) = \sum_{i=k}^{n} \binom{n}{i} e^{-i\lambda t} (1 - e^{-\lambda t})^{n-i}$$

$$\text{MTTF} = \int_0^{\infty} \sum_{i=k}^{n} \binom{n}{i} e^{-i\lambda t} (1 - e^{-\lambda t})^{n-i} dt$$

$$= \sum_{i=k}^{n} \frac{1}{\lambda} \binom{n}{i} \int_0^1 (1-y)^{i-1} y^{n-i} dy$$

$$= \frac{1}{\lambda} \sum_{i=k}^{n} \binom{n}{i} \frac{\Gamma(i)\Gamma(n-i+1)}{\Gamma(n+1)}$$

$$= \frac{1}{\lambda} \sum_{i=k}^{n} \frac{1}{i}$$

当部件的可靠度不相同时，可类似求得表决系统的各种可靠性指标。例如，一个 2/3(G) 系统，部件的可靠度为 $R_i(t)$，$i=1,2,3$，则

$$R(t) = R_1(t) R_2(t) R_3(t) + R_1(t) R_2(t) [1 - R_3(t)]$$
$$\qquad + R_1(t) [1 - R_2(t)] R_3(t) + [1 - R_1(t)] R_2(t) R_3(t)$$
$$= R_1(t) R_2(t) + R_1(t) R_3(t) + R_2(t) R_3(t)$$
$$\qquad - 2R_1(t) R_2(t) R_3(t)$$

表决系统的另一种形式是 $k/n(F)$ 系统，它表示 n 个部件组成的系统中，有 k 个或 k 个以上部件失效时，系统就失效。显而

易见 $k/n(F)$ 系统等价于 $(n-k+1)/n(G)$ 系统。

表决系统有以下的特殊情形：

(1) $n/n(G)$ 系统或 $1/n(F)$ 系统等价于 n 个部件的串联系统。

(2) $1/n(G)$ 系统或 $n/n(F)$ 系统等价于 n 个部件的并联系统。

(3) $(n+1)/(n+2)(G)$ 系统或 $(n+1)/(n+2)(F)$ 系统是多数表决系统。

4. 串并联系统

图 1-3 所示的系统称为串并联系统。

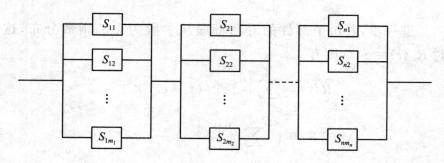

图 1-3　串并联系统

若各部件的可靠度分别为 $R_{ij}(t)$，$i=1,2,\cdots,n$；$j=1,2,\cdots,m_i$，且所有部件的寿命都相互独立，则根据串联系统和并联系统的公式，得

$$R(t) = \prod_{i=1}^{n} \left\{ 1 - \prod_{j=1}^{m_i} [1 - R_{ij}(t)] \right\}$$

当所有 $R_{ij}(t) = R_0(t)$，所有 $m_i = m$ 时，有

$$R(t) = \{1 - [1 - R_0(t)]^m\}^n$$

特别当 $R_0(t) = e^{-\lambda t}$ 时

$$R(t) = \{1 - [1 - e^{-\lambda t}]^m\}^n$$

$$\text{MTTF} = \frac{1}{\lambda} \sum_{j=1}^{n} (-1)^j \binom{n}{j} \sum_{k=1}^{m_j} (-1)^k \binom{m_j}{k} \frac{1}{k}$$

5. 并串联系统

如图 1-4 所示的系统称为并串联系统。

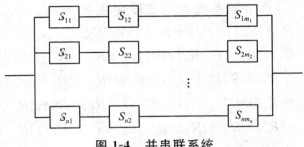

图 1-4 并串联系统

若各部件的可靠度分别为 $R_{ij}(t)$，$i=1,2,\cdots,n$；$j=1,2,\cdots,m_i$，且所有部件的寿命相互独立，此时系统的可靠度是

$$R(t)=1-\prod_{i=1}^{n}\Big[1-\prod_{j=1}^{m_i}R_{ij}(t)\Big]$$

当所有 $R_{ij}(t)=R_0(t)$，所有 $m_i=m$ 时，有

$$R(t)=1-[1-R_0^m(t)]$$

特别当 $R_0(t)=\mathrm{e}^{-\lambda t}$ 时，有

$$R(t)=1-[1-\mathrm{e}^{-m\lambda t}]^n$$

$$\mathrm{MTTF}=\frac{1}{m\lambda}\sum_{j=1}^{n}\frac{1}{i}$$

6. 桥式系统

由 5 个元件 $S_1,S_2,\cdots,S_5$ 组成的系统 S 就是一个桥式系统，如图 1-5 所示，这是一个典型的非串并联系统。

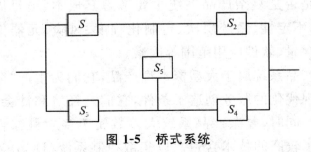

图 1-5 桥式系统

注意,当 S_5 工作时,系统变为 S_1,S_3 并联与 S_2,S_4 并联之串联;当 S_5 失效时,系统变为 S_1,S_2 串联与 S_3,S_4 串联之并联。

假设所有元件工作与否相互独立,可靠度函数分别是 $R_i(t)$,$i=1,2,3,4,5$,那么该系统 S 可靠度函数 $R(t)$ 为

$$R(t) = P\{S|S_5\}P\{S_5\} + P\{S|\overline{S_5}\}P\{\overline{S_5}\}$$
$$= R_1(t)R_2(t) + R_3(t)R_4(t) + R_1(t)R_4(t)R_5(t)$$
$$+ R_2(t)R_3(t)R_5(t) - R_1(t)R_2(t)R_3(t)R_4(t)$$
$$- R_1(t)R_2(t)R_3(t)R_5(t) - R_1(t)R_2(t)R_4(t)R_5(t)$$
$$- R_1(t)R_3(t)R_4(t)R_5(t) - R_2(t)R_3(t)R_4(t)R_5(t)$$
$$+ 2R_1(t)R_2(t)R_3(t)R_4(t)R_5(t)$$

1.3 复杂产品系统

复杂产品系统的概念最早由英国的 Hobday 提出,并作为与传统大规模制造产品有重大差异的产品类型进行单独研究。实际上 Nelson 和 Rosenberg 等许多学者都提到复杂产品系统,例如,Mowery 和 Rosenberg(1982)对航空业的产品创新进行了研究,并且总结了该行业创新的一些特点,但都没有明确提出复杂产品系统概念,复杂产品系统是一个成本高、工程含量高的产品,具有亚系统或者说是构造的产品系统。它们是一族在创新过程的动力、竞争策略以及工业化的联合分类等方面都与简单产品和大批量产品有所差别的产品(Prencipe,2000)。Prencipe 还提出鉴别产品是否是复杂产品系统主要考虑其成本、项目周期、复杂程度、技术不定性、系统层次、定制化程度、风险、元器件种类、知识和技能含量、软件应用范围等因素。

复杂产品系统属于大型资本型产品,它们为生产"简单"产品以及提供现代化的服务创造了条件,它们是经济和社会现代化的支撑平台。同时,复杂产品系统大多数属于多学科综合性产品,而且包含了较高的技术含量。以集散控制系统(DCS)为例,它综

合了自动控制、网络通信、计算机、电子、机电一体化等现代自动控制技术各个分支,它的设备制造和网络建设还涉及机械、土木工程等多个领域。

国内学者张炜(2001)、杨志刚和吴贵生(2003)在综合前人研究的基础上指出,复杂产品系统所定义的范围既不完全等同于一般所说的复杂技术产品,也不等同于资本产品的范围,复杂产品系统并不包含一些成本虽然高但技术要求较低的成熟产品。

陈劲等(2004)从构成复杂产品系统的元件、次系统和集成系统间的作用机理三个层面来说明它的复杂性,并且从产品和系统自身的物理结构特性出发提出从技术深度和宽度两个维度来将所有的产品和系统划分为四个产品类型,即复杂产品、高新技术产品、组合产品和简单产品,如图 1-6 所示。

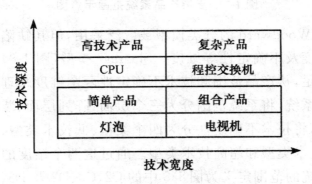

图 1-6 产品和系统的分类

Hobday 还提出对于复杂产品系统范围的认识可以从生产类型和生产数量两个维度来进一步深化。图 1-7 来源于 Woodward(1958)关于生产流程的经典论述。他将产品分为下列几种生产类型:①项目型;②小批量型;③大批量型;④大规模生产型;⑤连续流程型。

复杂产品系统属于上述产品类型中的①与②。需要注意的是并非所有的符合①、②两类型的产品都属于复杂产品系统,还需要满足复杂产品系统其他的相关特征:高技术含量、高研发投入、高复杂度、软件特性等。

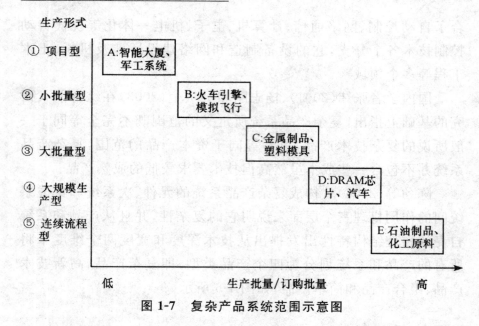

图 1-7 复杂产品系统范围示意图

虽然 Woodward 的分类模型被广泛采用,但其缺陷是忽视了产品新颖度及不确定性等维度。Shenhar 模型(图 1-8)弥补了这方面的不足,从产品范围和技术不确定性两个维度来理解和认识复杂产品系统,将系统范围分为三个层面:阵列层面、装配层面和系统层面,将技术不确定性分为四个类型:低技术类型、中等技术类型、高技术类型和超高技术类型。通过这两个维度的划分将复杂产品系统的范围定义为图 1-8 中的 C2、C3、D2 及 D3。

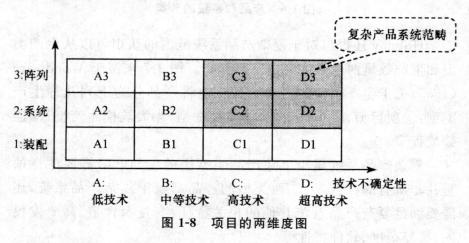

图 1-8 项目的两维度图

　　基于以上分析并参考前人的研究,界定复杂产品系统是:研发成本较高、子系统(或模块)较多、界面复杂、涉及多种知识和技能、产品架构具有层级性特征、用户定制化需求的大型产品或系统。

2 复杂系统分析方法

  复杂系统分析是用系统工程解决问题过程中的一个环节,更是其中的核心内容。在系统工程产生和发展的过程中,复杂系统分析一直起着重要作用。正是随着复杂系统分析等方法技术的产生、发展和推广应用,系统工程才得到不断的发展和进步。

  系统工程在处理和解决问题的过程中,首先要进行复杂系统分析,再进行具体的操作处理,即自上而下、由粗到细、逐步深入,从一般的分析方法到具体的领域问题的处理解决。复杂系统分析方法的研究推动了系统工程方法的研究和发展,复杂系统分析在复杂系统思想、方法步骤及具体问题处理的方式、方法上,都对系统工程产生了直接的影响。可见,应用系统工程解决问题离不开复杂系统分析。

2.1 概述

2.1.1 复杂系统分析的基本概念

  对于复杂系统分析,目前有着不同的解释。广义的复杂系统分析就是系统工程,即将复杂系统分析视作系统工程的同义词。狭义的复杂系统分析是系统工程的一项优化技术,复杂系统分析的目的在于分析复杂系统内部与复杂系统环境之间、复杂系统内部各要素之间的相互依赖、相互制约、相互促进的复杂关系,分析复杂系统要素的层次结构关系及其对复杂系统功能和目标的影响,通过建立复杂系统的分析模型使复杂系统各要素及其与环境之间的协调达到最佳状态,最终为复杂系统决策提供依据。采用复杂系统分析方法探讨问题时,决策者可以获得对问题综合的和整体的认识,既不忽略内部各因素的相互关系,又能顾全外部环境变化可能带来的影响。在已掌握信息的情况下,以最有效的策略解决复杂的问题,以期顺利地达到复杂系统的各项目标。

2.1.2　复杂系统生命周期与阶段划分

任何一个复杂系统都有一个确定的开始和终结时间,这个从开始到终结的时间 就是复杂系统的生命周期。用复杂系统生命周期的概念来概括复杂系统存在的全过程,就可以从整体上描绘复杂系统的轮廓,以便于对复杂系统进行研究和思考。一般地,生命周期应从提出建立或改造一个复杂系统时开始。其终结时间应是复杂系统脱离运行、为新的复杂系统所替代之时。

从考察和研究复杂系统的需求出发,一般采取从整体到局部、从粗略到细致的思考方法,以反映出复杂系统的思维特点,因此,复杂系统生命周期要分成可独立研究的部分或解决问题的阶段,从而使层次更清楚,范围更明确,便于问题的深入化和具体化,也利于有针对性地选择和应用研究方法。

根据这种研究方法,复杂系统的生命周期可划分为发展期(包括预备研究、总本研究和详细研究三个阶段)、实现期(包括复杂系统建立和系统实施两个阶段)和运行期(包括复杂系统运行和更新、改造或报废)。

复杂系统生命周期各阶段的相互关系可用图 2-1 表示。

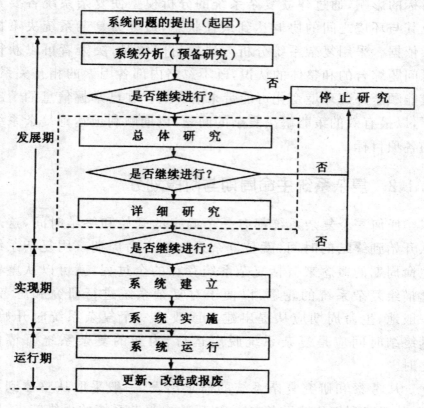

图 2-1　复杂系统生命周期各阶段的相互关系

2.1.3　复杂系统分析的内容和原则

1. 复杂系统分析的内容

复杂系统分析把研究对象视为一个复杂系统,将它从外部环境中分离出来,从而使其成为一个独立的整体,并明确复杂系统中的各个子复杂系统及其相互作用。将复杂系统从外部环境中分离的分界线就是复杂系统边界。有了复杂系统边界,就能对复杂系统进行外部的环境分析和内部的功能分析及结构分析。环境分析主要是分析外部环境与复杂系统的相互影响,找出环境对复杂系统输入的变化规律和复杂系统的响应规律,同时分析复杂系统与环境的相互影响的适应性。功能分析是根据复杂系统的总体功能要求，进一步做功能分解，直至明确各功能单元及其之间的关系。结构分析是要找出组成复杂系统的要素、要素之间的关系、要素分布的层次等主要内容，揭示出复杂系统组成的性质和规律。这三个方面的分析都要围绕复杂系统的目标。因此，复杂系统分析首先要明确复杂系统所要实现的目标，即目标分析。为了确定复杂系统的目标，必须在收集、处理所获得的信息资料的基础上，对复杂系统的目的、功能、环境、费用、效益等问题进行科学的分析。

2. 复杂系统分析的原则

复杂系统分析是一个有目的、有步骤的探索、分析过程。复杂系统分析人员要使用科学的分析工具和方法，对复杂系统的目的、功能、环境、费用、效益等进行充分的调查研究，收集和整理有关资料与数据，据此建立若干替代方案及相应的数学模型，开展仿真试验，把试验、分析、计算的各种结果进行比较和评价，最后得出完整与正确的结论并提出可行建议，作为决策依据。进行复杂系统分析的原则如下。

1）整体性与目的性原则

复杂系统分析不同于一般的技术经济分析，除了有更为广泛的内容外，必须着重于复杂系统的整体目标，以发挥复杂系统整体的最大效益为前提。复杂系统总体最优往往会要求某些局部放弃其最优的利益与要求，不应局限于个别局部或子复杂系统的利益来削弱复杂系统的整体利益。此外，复杂系统分析时，还应站在高一层次的立场与角度来观察，例如注意防止社会公害和环境污染问题。

2）递阶分层分解和综合协调原则

大复杂系统特别是巨复杂系统常可分解为若干子复杂系统，形成许多层次等级，因此分析时可遵循递阶分层分解和综合协调的原则，将大复杂系统逐层分解，即所谓"化整为零"，使问题简约清晰,便于深入研究;然后根据复杂系统整体与各层次的目标互相协调配合,将子复杂系统"集零为整",只有各子复杂系统实现各自功能,并相互协调一致,才能实现整体目标并达到最优。

3)长远利益与当前利益相结合原则

不论是创建新复杂系统还是改进已有的复杂系统,必须从整个复杂系统的生命周期出发,要有预见性,兼顾当前利益与长远利益。人类历史上由于不遵循此原则,曾有不少惨痛教训,如西亚(美索不达米亚、小亚细亚)地区,为了获得耕地而乱砍森林,破坏了水源涵养场所,致使其成为不毛之地;我国大跃进时期,建设单位为追求片面利益,致使工程质量低劣,并给工程带来了诸多安全隐患。

4)定量方法与定性分析相结合原则

复杂系统分析内容主要是定量化方法。解决问题不能单凭想象、经验或直觉,在许多复杂情况下要获得可靠的能反映问题本质性的数据,必须运用各种近现代的定量化方法。当然,一个方案的优劣虽以定量分析数据为依据,但又绝不能忽视定性的因素。首先,定量分析要建立在对复杂系统本质属性和规律性的定性分析和深入理解的基础上,其次要遵守国家的政策法规,维护社会公德,保护环境,而且用定量方法得到的某些结论也还要用定性分析方法加以综合、推理与判断。此外,由于复杂系统往往受众多的社会、经济、环境、技术因素的影响,且其中多数为不确定因素,需要进行某种预测与判断,因此在分析过程中会掺杂决策者个人的价值观和对未来的理性判断甚至臆断,这样从方法论上看复杂系统分析不仅需要数学计算与分析,还需要直观经验和主观推理,两者结合才能更有效地解决问题。

5)针对性原则

复杂系统分析虽是具有普遍意义的科学方法和手段,但在应用上又以特定问题为对象,有很强的针对性,其目的在于求得解决该问题的最优方案。因此,一定要开展对具体对象的调查研究,实施不同的分析,采取有针对性的求解策略和方法,才能取得良好的效果。

2.1.4 复杂系统分析的要素与步骤

1. 复杂系统分析的要素

复杂系统分析的基本要素有以下几个。

1）目标

复杂系统的目标就是对复杂系统的要求,它是复杂系统分析的基础。复杂系统分析人员最初的也是最重要的任务就是要了解领导者意图,明确存在的问题,确定复杂系统的目标。

2）可行方案

可行方案是指能够实现复杂系统目标的各种可能的途径、措施和办法,到底哪种最合适,正是复杂系统分析所要解决的问题。

3）费用

费用是每种方案用于实现复杂系统目标所需消耗的全部资源(用货币表示)。复杂系统分析要研究费用的构成,计算复杂系统的"寿命周期费用"。由于各种方案的费用构成可能不一,所以必须用同一种方法去估算,这样才能进行有实际意义的比较。

4）模型

模型是对复杂系统本质的描述,是方案的表达形式。凭借模型,可以对不同方案进行分析、计算和模拟,以获得各种方案的性能、数据和其他信息。

5）效果

复杂系统实现目标所取得的成果就是效果,衡量效果的尺度是效益和有效性。效益可用货币形式表示,有效性则用货币尺度以外的指标来评价。对于不同方案的效果,必须使用同一种方法去估算,这样才能进行直接比较。

6）准则

准则是目标的具体化,是复杂系统价值的度量,用于评价各种可行方案的优劣。准则必须定得恰当,而且要便于度量。

7）结论

结论就是复杂系统分析得到的结果，具体形式有报告、建议或意见等。对其要求主要是：一定不要用难懂的术语和复杂的推导，而要让领导者容易理解和使用。结论的作用只是阐明问题与提出处理问题的意见和建议，而不是提出主张与进行决策。因此，结论只有经过领导者决策以后才能付诸行动，发挥它的社会效益和经济效益。

以上 7 个要素构成了复杂系统分析要素的结构图如图 2-2 所示。

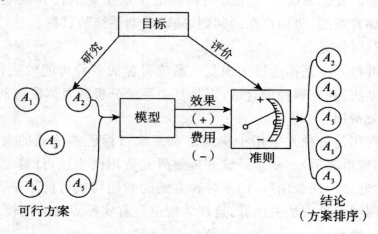

图 2-2　复杂系统分析要素结构图

从图 2-2 中可以看出：复杂系统分析是在明确复杂系统目标的前提下进行的，经过开发研究得到能够实现目标的各种可行方案以后，首先要建立模型，并借助模型进行效果—费用分析，然后依据准则对可行方案进行综合评价，以确定方案的优先顺序，最后向领导者提出复杂系统分析的结论（报告、意见或建议），以辅助领导者进行科学决策。

2. 复杂系统分析的步骤

1）划定问题范围

进行复杂系统分析，首先要明确问题性质，划定问题范围。

一般来说,问题是在一定的外部环境作用和复杂系统内部发展的需要中产生的。它不可避免地带有一定的本质属性和存在范围。只有明确了问题的性质和范围后,复杂系统分析才有可靠的起点。其次要进一步研究问题所包含的因素,以及各因素间的和外部环境的联系,把问题界限进一步划清。比如一家企业长期亏损,涉及产品的品种和质量、销售价格、上级的政策界限、领导班子、技术力量、管理不善等多方面的问题,那么究竟哪些因素属于这个问题的范围? 问题界限的划定如图 2-3 所示。

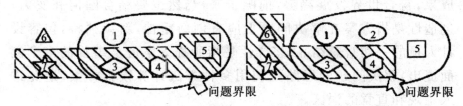

（a）问题包括3、4、5、7要素　　　（b）问题包括3、4、6、7要素

图 2-3　问题界限的划定

2)确定目标

为了解决问题要确定具体的目标。它们通过某些指标表达,而标准则是衡量目标达到的尺度。复杂系统分析是针对所提出的具体目标而展开的,由于实现复杂系统功能的目的是靠多方面因素来保证的,因此复杂系统目标也必然有若干个。如经营管理复杂系统的目标就包括品种、产量、质量、成本、利润等,而一项目标本身又可能由更小的目标集组成,比如利润是一个综合性目标,要增加利润,就要扩大盈利产品的销售量和降低单位产品成本,而要增加销售又要做好广告、组织网点、服务等工作,采取正确的销售策略等。在多项目标情况下,要考虑各项目标的协调,防止发生抵触或顾此失彼。在明确目标过程中,还要注意目标的整体性、可行性和经济性。

3)收集资料,提出方案

资料是复杂系统分析的基础和依据。根据所明确的总目标和分目标,集中收集必要的资料和数据,为分析做好准备。收集资料通常借助于调查、试验、观察、记录及引用外国资料等。收集资料切忌盲目性。有时说明一个问题的资料很多,但并不是都有用,因此,选择和鉴别资料又是收集资料中所必须注意的问题。收集资料必须注意可靠性,说明重要目标的资料必须经过反复核对和推敲。资料必须是说明复杂系统目标的,对照目标整理资料,找出影响目标的诸因素,而后提出达到目标条件的各种替代方案。所拟定的替代方案应具备先进性、创造性和多样性的特点。先进性是指方案在解决问题上应采纳当前国内外最新科技成果,符合世界发展趋势,前瞻未来,当然也要结合国情和实力;创造性是指方案在解决问题上应有创新精神,新颖独特,包容设计人员的一切智慧结晶;多样性是指所提方案应从事物的多个侧面提出,解决问题的思路是使用多种方法计算模拟方案,避免进入主观和直觉的误区。

4)建立分析模型

建立分析模型之前,首先要找出说明复杂系统功能的主要因素及其相互关系,即复杂系统的输入、输出、转换关系,复杂系统的目标和约束等。由于表达方式和方法的不同,因此有图示模型、仿真模型、数学模型、实体模型之分。通过模型的建立,可确认影响复杂系统功能目标的主要因素及其影响程度,确认这些因素的相关程度、总目标和分目标达成途径及其约束条件等。

5)分析替代方案的效果

利用已建立的各种模型对替代方案可能产生的结果进行计算和测定,考察各种指标达到的程度。比如费用指标,则要考虑投入的劳动力、设备、资金、动力等,不同方案的输入、输出不同,得到的指标也会不同。当分析模型比较复杂、计算工作量较大时,应充分应用计算机技术。

6)综合分析与评价

在上述分析的基础上,再考虑各种无法量化的定性因素,对比复杂系统目标达到的程度,用标准来衡量,就是综合分析与评价。评价结果,应能推荐一个或几个可行方案,或列出各方案的优先顺序,供决策者参考。鉴定方案的可行性,复杂系统仿真是经济有效的方法。经过仿真后的可行性方案,就可避免实际执行时可能出现的困难。

有些复杂系统分析并非进行一次即可完成。为完善修订方案中的问题,有时根据分析结束需要提出的目标进行再探讨,甚至重新划定问题的范围。

上述分析步骤顺序只适用于一般情况,并非固定不变。在实际运用中,要根据情况处理,有些项目则可平行进行,有些项目可改变顺序。

复杂系统分析程序框图如图 2-4 所示。

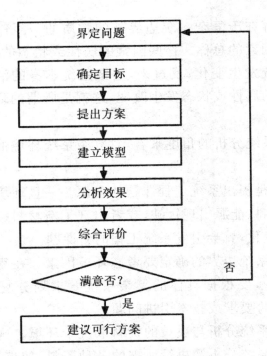

图 2-4 复杂系统分析程序框图

2.2 复杂系统环境分析

复杂系统的环境对复杂系统的发展起到限制性作用,复杂系统的发展和变化必须适应环境的发展和变化。实际上,解决问题的方案是否完善依赖于对整个问题环境的了解,对环境不了解必然导致所提方案存在缺陷,所以复杂系统的环境分析是复杂系统方法的一项重要内容。

2.2.1 环境分析的意义

环境是存在于复杂系统边界外的物质的、经济的、信息的和人际的相关因素的总称。这些因素的属性或状态的变化,通过输入使复杂系统发生变化;反过来,复杂系统本身的活动也会使环境相关因素的属性或状态发生改变,这就是所谓的环境因素的开放性。

从复杂系统分析的角度来看,对复杂系统环境的分析有多种实际意义。

(1)环境是提出系统工程课题的来源。一旦环境发生某种变化,如某种材料、能源出现短缺,或者出现了新材料、新能源,为了适应环境的变化,就会引发系统工程的新课题。

(2)复杂系统边界的确定要考虑环境因素。在复杂系统边界的确定过程中,要根据具体的复杂系统要求划分复杂系统的边界,如有无外协要求或技术引进问题。

(3)复杂系统分析与决策的资料取决于环境。这是至关重要的,因为复杂系统分析和决策所需的各种资料,如市场动态资料、其他企业的新产品发展情况等,对于一家企业编制产品、开发计划起着重要的作用,其相关资料都必须依赖于环境而提供。

(4)复杂系统的外部约束通常来自于环境。环境对复杂系统发展目标有所限制。例如,复杂系统环境方面的资源、财力、人力、时间和需求方面的限制,都会制约复杂系统的发展。

(5)复杂系统分析的好坏最终需要复杂系统环境的检验与评价。从复杂系统分析的结果实施过程来看,环境分析的正确与否将直接影响到复杂系统方案实施的效果,只有充分把握未来环境的复杂系统分析才能取得良好的结果。这说明环境是复杂系统分析质量好坏的评判基础。

2.2.2 环境因素的分类

环境因素,按环境对复杂系统影响的层次,可分为宏观环境因素和微观环境因素;按环境对复杂系统影响的方式,可分为直接环境因素和间接环境因素;按复杂系统对环境因素产生影响的程度,可分为可控的环境因素和不可控的环境因素;按环境的范围,可分为国际环境因素、国内环境因素和区域环境因素。实际复杂系统涉及的环境十分具体,如企业复杂系统的环境有市场环境、技术环境、资金环境、信息环境和劳动力环境等;作战环境可分为陆上环境、海洋环境、大气环境、空间环境、电磁环境等。一般来说,按环境因素的基本特征,环境因素可归纳为自然地理环境因素、科学技术因素和社会经济因素三类。

1. 自然地理环境因素

自然地理环境因素有很多,主要包括自然资源、地理条件、气象条件和生态环境等。自然资源包括土地、矿产、水利、生物、气候、海洋等。地理条件包括河流、山脉、地势、地质、位置、道路等。气象条件包括气温、气压、光照、湿度、降雨量、风力等。此外,自然地理环境因素的属性还包括距离、高度、时间、水位、流量等,自然灾害也属于自然地理环境因素。

任何复杂系统都处于一定的自然地理环境之中,不可避免地受其影响和制约。这种影响和制约通常可表述为复杂系统的约束条件,是环境分析首先应考虑的基本因素。任何成功的复杂系统分析都必须与自然环境之间保持正确的适应关系。

上述各种因素对任何复杂系统都有直接和间接、明显和隐蔽的影响,是复杂系统分析和复杂系统设计的前提条件。例如,地理位置、原料产地、水源、能源、河流对水电站厂址选择具有明显的影响。又如,在海拔 2000 米处建火药厂,气压对引火帽的击发产生影响,湿度对保管条件产生限制等。气温、风力及降水量对复杂系统设施及运行有直接影响,如森林对水土流失的防范作用、对气候的影响等。进行环境分析时不仅要分析自然地理环境的现状,还要研究自然环境、资源方面的动向,如某些自然资源的短缺及代用品的寻求、环境污染加剧产生的影响和制约等。在进行复杂系统分析时必须充分估计有关自然地理环境因素的作用和影响,做好调查统计工作。

2. 科学技术因素

科学技术因素主要包括工程技术的现存复杂系统、技术标准和科技发展状况等。

1)现存复杂系统

大量实践表明,运行中的现存复杂系统的现状和相关知识是复杂系统分析所不可缺少的。

(1)现存复杂系统的并存性和协调性。规划中的任何一个新复杂系统都必须同某些现存复杂系统结合起来工作。因此要从产量、容量、生产能力、技术标准及物流等方面考虑它们之间的可并存性和协调性。比如分析一个新的核电厂的筹建,就要考虑与之相关的核原料的供应、机械电力制造、水能等现存复杂系统的并存性和协调关系。

(2)现存复杂系统的各项指标。现存复杂系统及其技术经济指标在分析论证新旧复杂系统代替时是需要的。这种分析和论证必将涉及新旧复杂系统的技术指标、经济指标、使用指标、技术方法的先进实用程度等方面的比较。没有现存复杂系统的大量数据和经验,评价是没有价值的。比如,不了解一种家用微型轿车的效率、耗油量及各种技术性能,就无法分析、设计和评价新型车是否能成功。

（3）利用现存复杂系统技术推广新技术。利用现存复杂系统的技术方法，包括设备、工艺和检测技术、操作方法和安装方法，可用来推断未来可能成功使用的技术。在复杂系统的技术分析中，这显然是不可缺少的。比如，现代产品制造业在单一生产的基础上发展为敏捷制造技术就是成功技术的例子。

2）技术标准

技术标准是对各类工程和物理复杂系统的设计、制造、安装，以及对各类产品的规格、型号、指标的规范化要求。例如，对于企业复杂系统而言，在"无国界化企业经营"的形势下，要将分布在不同国家、地区的工厂所生产的部件组装成最终产品，各地的工厂必须严格按照规格型号的技术标准进行生产。技术标准也是严格的约束条件和评价复杂系统效果的基准之一，使用技术标准可以提高复杂系统分析和设计的质量、节约分析时间及提高分析的经济效果。技术标准通常由主管部门确定并颁布实施，一般由国家、部门或行业以国标、部标、行标的代号加编号形式公布，如我国的国标用 GB 表示，科学院标准用 KY 表示，机械行业标准用 JB 表示等。

3）科技发展状况

科技发展状况主要包括国际、国内科技发展水平及动态，新技术、新材料、新设备、新工艺的开发和应用状况，国家的科技政策，科技人才状况等。科学技术的迅速发展使新技术、新产品、新工艺不断涌现和应用，只有掌握科技发展动向，及时了解和把握有关的最新科技动态和应用状况，才能制定出有活力、适用的措施和战略。技术状态影响产品的质量、品种、成本等多方面因素，在对新建或改建复杂系统进行复杂系统分析时，要充分了解和掌握国内外同行业的技术状态。

3. 社会经济因素

社会经济因素包括社会环境因素、文化教育环境因素、政治环境因素、经济环境因素等。

(1)社会环境因素主要是指社会风俗、道德、习惯、信仰、价值观念、行为规范、生活方式、文化传统、社会人口数量及其构成、劳动就业、治安状况、基础设施、交通状况等。这些因素对复杂系统或其他环境因素都有直接或间接的影响。

(2)文化教育环境因素主要是指国家的教育政策和教育状况、人们受教育的程度和文化素养、各类学校的规模和水平等。这类因素主要影响人的素质。

(3)政治环境因素主要是指国家的社会政治制度、法律、法规、政策等。这些环境因素对复杂系统具有强制性的约束力,复杂系统必须符合这些因素的要求和变化。

(4)经济环境因素主要包括社会经济发展水平和速度、国民经济结构、经济法规和政策、国家和地区的社会经济发展战略、消费水平和结构、市场状况、价格、税收、利率、汇率、关税等。这些环境因素对复杂系统分析的影响很大,因此在复杂系统分析中,既要分析这些因素现在对复杂系统的影响,也要考察这些因素发展变化的趋势,估计其未来对复杂系统的影响和后果。

上述各类环境因素相互联系、相互影响,对复杂系统的作用是综合的,而不是孤立的。有些环境因素之间具有特定的因果联系,这使得各类环境因素的变化往往是交替发生的,而不是同步的。

环境因素变化的形式也多种多样,基本形式主要有:

(1)相对稳定,即变化不十分显著,变化的速率比较缓慢,如人口、社会文化、政治、法律的变化;

(2)平稳发展,即发展变化比较明显,具有一定趋势和规律性,可进行预测,如经济、技术的变化;

(3)动荡不定,即变化迅速,随机性较强,无规律可循,容易出现难以预料的突变,如自然灾害、社会动荡等。

通常,社会环境相对稳定时经济环境的变化也较平缓,某些社会因素与自然因素如果发生突变,则会使社会、政治、经济环境相应地发生变化和动荡。因此进行环境分析时,既要看到环境因素稳定发展的一面,又要看到动荡和突变的可能,善于分析不同环境因素的特点和发展变化的趋势,有效、迅速地调整复杂系统自身的状态,以适应复杂而多变的环境。

2.2.3 环境因素的确定与评价

确定环境因素,就是根据实际复杂系统的特点,通过考察环境与复杂系统之间的相互影响和作用,找出对复杂系统有重要影响的环境要素的集合,划定复杂系统与环境的边界。环境因素的评价,就是通过对有关环境因素的分析,区分有利和不利的环境因素,弄清环境因素对复杂系统的影响程度、作用方向和后果等。

实际中为了确定环境因素,必须对复杂系统进行分析,按复杂系统的构成要素划分复杂系统的种类和特征,寻找与之关联的环境要素。先凭直观判断和经验确定一个边界,这一边界通常位于研究者或管理者认为对复杂系统不再有影响的地方。在以后逐步深入的研究中,随着对问题的深刻认识和了解,再对原先划定的边界进行修正。

以企业经营管理复杂系统为例进行环境分析,它所面临的主要环境因素如图 2-5 所示。

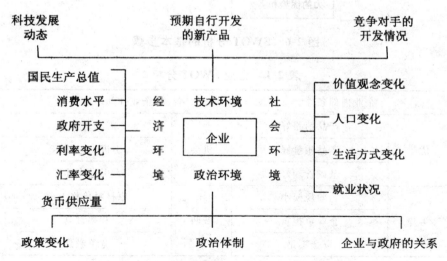

图 2-5 企业经营管理复杂系统环境分析

  在对环境因素进行分析时,还必须考虑复杂系统自身的条件,也就是要综合分析复杂系统的内部条件和外部环境条件,一般采用 SWOT 分析法。SW 是指复杂系统内部的优势和劣势(Strengths and Weaknesses),OT 是指外部环境存在的机会和威胁(Opportunities and Threatens)。

  SWOT 分析是一种广为应用的复杂系统分析和战略选择方法,其基本步骤如图 2-6 所示。SWOT 分析表主要用于因素调查和分析,以企业为对象的 SWOT 分析见表 2-1。

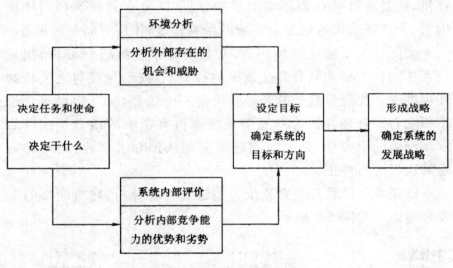

图 2-6　SWOT 分析的基本步骤

表 2-1　企业 SWOT 分析

企业内部条件		企业外部环境	
优势	产品销路好	机会	需求量扩大
	产品质量好		引进先进技术
	基础管理好		引进人才
劣势	企业规模小	威胁	原材料价格上涨
	企业负担重		利率过高
	资金不足		竞争激烈

在分析企业内部条件时,既要考虑自身的优势,也要考虑自身的不足,而优势和劣势又是相对的,主要应与竞争对手的状况相比较。外部环境因素的分析,主要是对可能存在的机会和威胁进行分析。同时,要认识到某些环境因素对本企业和对竞争对手的影响是相同的。也就是说,有利的条件对大家都有利,不利的条件对大家的影响也大致一样,关键是怎样抓住存在的机会,利用有利条件避免不利因素的影响和威胁,扬长避短,求得发展。企业和竞争对手所处的环境有相同和类似的方面,也有不同甚至存在很大差异的方面,在进行 SWOT 分析时要根据实际情况,相互比较,并详细考察。

在确定和评价环境因素时,需要注意以下几点。

第一,抓住重点,分清主次。选取适当的因素,只把与复杂系统联系密切、影响较大的因素列入复杂系统的环境范围。如果环境因素列举过多,会使分析过于复杂;如果过分简化环境因素,又会使方案的客观性较差。

第二,全面、动态地考察环境因素,清楚认识到环境是一个动态发展变化的有机整体,应以发展的观点来研究环境对复杂系统的作用和影响。

第三,细致周密地找出某些间接、隐蔽、不易被察觉的、可能会对复杂系统产生重要影响的环境因素。对环境中人的因素,如其行为特征、主观偏好及各类随机因素都应有所考虑。

2.2.4 未来环境预测

在对环境未来的发展变化趋势进行预测时,应根据各种环境因素的特征作具体分析,通常应注意以下几点:

(1)由于变化较为缓慢、处于相对稳定状态的一类环境因素,诸如价值观念、人口发展等,只需作一般性的探讨。

(2)由于平稳发展、具有明显趋势、带有一定规律性或周期性变化的环境因素,应作细致的分析和预测,可以采用定量分析方法,如时间序列分析、回归分析、灰色预测等。

（3）由于随机性很强、动荡不定的环境因素，通常只能采用定性分析方法，如情景分析法。

情景分析法是未来环境预测常用的一种方法，又称情景描述法、脚本法。这种方法最初主要应用于政治和军事方面的复杂系统分析，后来逐步应用于经济和科技预测。情景分析法基于逻辑推理，通过构想出未来行动方案实现时所处的几种环境状态及其特征，预测和估计行动方案的社会、技术与经济后果，是一种常用的分析、预测方法。

在情景分析法中，主要通过情景设定和描述来考察与分析复杂系统，描述可能出现的状况和获得成功所必需的条件等。简单来说，情景设定和描述就是对每种可行方案设定未来环境的几种状态——正常的、乐观的和悲观的环境状况，并给出相应的特征和条件。既要考虑出现概率大的、一般环境状况的情景，也要考虑出现概率小的、极端或特殊环境状况的情景，如百年不遇的自然灾害、战争等。维持环境现状往往也被作为一种情景，因为其具有现实可能性，也便于分析和比较。通过对环境现状的分析，依据事件的逻辑连贯性，通过一系列的因果关系，基于逻辑推理、思维判断和构想，并结合定量分析方法，弄清从现状到未来情景的转移过程，进而判断可能出现的情况及其特征。情景描述既要发挥想象力和逻辑思维能力，又要重视人们的经验、知识、技术及综合判断能力。

应用情景分析法的大致步骤如下。

第一，明确情景描述的目的、基本设想和范围（如预测时间、关联因素、环境范围等），以及人们所持观点（如乐观、悲观和现实的观点等）。

第二，对预测对象的历史状况和现时状况进行分析，在此基础上对其发展趋势和未来状态进行分析与预测。

第三，结合有关的数据资料，采用定量方法进行预测，使对未来发展前景的描绘更科学。

第四，拟订实现未来战略目标的可行方案，以及主要问题和课题,估计和预测可行方案在多种设定情景下的军事、社会、经济与技术后果,以制定适应性强的战略规划。

　　情景分析法在研究复杂系统问题时十分有用。这种方法可以描述远期可能出现的多种情景,以及对抽象的事物作尽可能具体的描述;还可以同时考虑社会、政治、经济和心理因素的状况及其相互间产生的联系和影响。它迫使人们对变化着的现实环境和未来环境进行细致的分析和严密的思考,弄清环境的发展趋势、可能的状况和演变过程,以及容易疏忽的细节。它带有充分自由设想的特色,但又具有科学性。

　　情景分析法在实际应用中须注意以下几个问题:

　　(1)注意因果关系上的合理性。在情景描述时,要弄清从现状到未来情景的转移变化历程,要具有合理性和连续性。

　　(2)对未来的前景,由于人们存在不同的看法,应充分表达可能出现的分歧点,以及研究者的看法和根据。

　　(3)处理好各种矛盾。在情景描述时,既要考虑量变,又要考虑质变。

　　(4)注意定性与定量分析相结合,增强分析的科学性。

　　美国未来学家赫·康恩(H. Kahn)是应用这种方法的代表人物之一。他在1966年出版的《关于可供选择的世界未来:问题和课题》中,运用这种方法研究了世界范围内文化、政治、科技、社会诸方面发展的可能方案。美国通用电气公司将这种方法应用于企业发展战略研究,对十年前景构想了四种状态,即标准的未来和似锦的未来、暗淡的未来、维持现状的未来。针对未来的几种状态,该公司制订了相应的方案和应变战略。

　　总之,复杂系统环境因素范围很广,处理起来也较为困难,但必须要因时、因地、因条件地加以分析,找出相关环境因素的总体,确定因素的影响范围和各因素间的相关程度,并在方案分析中予以考虑。对于可以定量分析的环境因素,如限额分配的物资、资金、人力等,通常以约束条件形式列入复杂系统模型中。某些环境因素,如复杂系统运行时的环境温度等,要求在产品复杂系统设计计算中给予考虑。对只能定性分析的因素可用估值法评分,尽量使之达到定量或半定量化,以便合理地确定复杂系统目标,提出适应环境的可行方案。

2.3 复杂系统目标分析

复杂系统目标是指复杂系统发展所要达到的结果。复杂系统目标对复杂系统发展起着决定性作用,复杂系统目标一旦确定,复杂系统就将朝着所规定的方向发展。目标分析是整个复杂系统分析工作的关键,是复杂系统目的的具体化。有了明确的目标,才能针对目标提出可行方案,进而选择合理方案。

2.3.1 目的、目标及其属性

目的和目标并非两个对等的概念。目的是指通过努力,复杂系统预期达到的水平。目标是指复杂系统在实现目的的过程中的努力方向,是复杂系统目的的具体化。例如,对某一项工程,建设过程中要求它"投资省""建设速度快""建成后的经济效益好"和"对环境破坏小"等,这些都属于复杂系统目标。目标的属性是指对目标的度量。例如,衡量投资、成本、利润用"万元";衡量寿命、返本期、建设周期用"年"或"月";衡量征用土地量用"平方千米";对水环境影响的衡量可用"生化耗氧量",大气环境的衡量可用"可吸入颗粒物比例"或直接用"污染物排放量"等。

值得指出的是,有些目标的属性难以定量度量,如舒适度、心理承受力、社会舆论及影响等目标。在复杂系统分析时要对这些目标的实现程度做出量化的估计,通常采取两种方法:一是经过调查研究给出比较客观的评分标准;二是应用模糊集理论中的隶属度的概念,对难以量化的因素做出评判。

2.3.2　复杂系统目标分析的要求

复杂系统目标关系到复杂系统的全局或全过程,它的正确合理与否,将影响到复杂系统的发展方向和成败。在阐明问题阶段,无论是问题的提出者、决策者,还是复杂系统分析人员,对目标的认识和理解多始于主观愿望,较少有客观依据。这时就需要协同各方人员,经过分析和论证,建立合理的目标,确定复杂系统建立的价值。这样才能避免盲目性,防止造成各种可能的错误、损失和浪费。

复杂系统目标是复杂系统分析和复杂系统设计的出发点,复杂系统目标分析的目的:一是要论证目标的合理性、可行性和经济性;二是要获得分析的结果——目标集。

如何考虑复杂系统总目标是否合理,要从目标提出的依据上找答案。如果依据充分、数据准确且有说服力,那么总目标就可初步确定。为了使目标趋于合理,在目标的分析和制定中要满足以下几项要求。

(1)制定的目标应当是稳妥的。这要从达成目标的复杂系统方案的作用和影响来判别,把作用是否符合目标、达到什么程度作为标准。

(2)制定目标应当注意到它可能起到的所有的作用。一般来说,一个复杂系统方案能够起到多种作用,任何一个方案都会有积极作用,也会有消极作用,它们之间在一定条件下还会发生转化。例如,科技飞速发展和工业化给人类带来了高度的物质享受,同时也带来了前所未有的污染,以及生态平衡的破坏。只看到物质的高度文明,而不看环境污染和生态平衡的破坏,就是没有看到目标的所有作用,也正是看到目标的多种作用,才会提出人类与环境协调可持续发展的目标。

(3)把各种目标归纳成目标复杂系统。其目的是使目标间的关系更清楚,以便在寻求解决问题的方案时能够全面注意到它们。经验表明,分目标越多,忽略重点的危险也越大。从概括各种类型分目标的意义上说,有必要建立一个目标复杂系统,它可以用目录或目标树来表示。这样,目标间层次结构就变得清楚,也可以了解目标的交叉和重复情况,还可用来确定各类分目标的权重。

(4)要挖掘出目标间可能发生的冲突。不同目标有可能会带来各方面利益上的分歧,造成冲突。对可能出现的目标冲突要厘清线索,重新调整目标,即使预先不能调节,也要做到心中有数,一旦冲突出现,也好有解决方案。

制定的目标一般是可以改变的。如果针对的目标一时无法寻求到解决方案、重大前提条件发生变化或出现了新的有价值的设想等,都要及时对已确定的目标进行调整或修改。

2.3.3 复杂系统目标的确定

1. 复杂系统总体目标的确定

制定复杂系统的总体目标,要用全局、发展、战略的眼光考虑社会、经济、科学技术发展所提出的新要求,注意目标的合理性、现实性、可能性和经济性,根据复杂系统自身的状况和能力以及环境条件,提出切合实际的目标。同时还应制定出复杂系统的近期目标和远期目标。要充分估计到总体目标在正反两方面的作用。要充分考虑复杂系统的内部条件和外部环境的允许程度,当由于受到内部条件、外部环境的限制和约束,最佳或最理想的目标无法考虑时,可以暂时选择用可以实现的次好目标代替,当时间、空间、环境条件等发生变化时,对目标再做相应的调整和修改。

2. 建立复杂系统的目标集

建立相对稳定的目标集是逐级、逐项落实总目标的结果。总目标是对复杂系统整体的期望和要求,通常概括性强,不宜直接用于操作,要把总目标分解为各级分目标,直到具体、易于操作为止。分解过程中,要注意使分解后的各级分目标与总目标保持一致,分目标所指方向要保证总目标的实现。分目标之间有时会不一致,但在整体上要达到协调。

1)目标树

在处理实际问题时,常常会遇到复杂系统目标不止一个,从而构成一个目标集合。对目标集合的处理,往往是从总目标开始将总目标逐级分解,按子集、分层次画成树状的层次结构,称为目标树或目标集。

总目标分解的主要原则是:

(1)按目标的性质将目标子集进行分类,把同一类目标划分在同一目标子集内。

(2)目标的分解要考虑复杂系统管理的必要性和管理能力。

(3)要考虑目标的可度量性。通过对总目标的逐步分解,最后得到如图 2-7 所示的目标树状结构图。

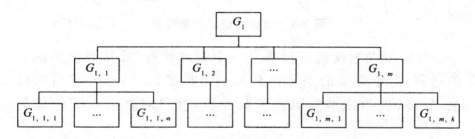

图 2-7 目标树结构图

把目标集合画成树状结构的优点是:目标集合的构成与分类比较清楚、直观,即可按目标的性质进行分类,便于目标间的价值权衡。

2)目标手段分析

目标和手段是相对而言的。对目标的逐步落实,就是探索实现上层目标的途径和手段的过程,目标手段复杂系统图如图 2-8 所示。目标树中的每一个目标都可看成是下一级目标或实现上一级目标的手段。每一个目标上面是它所服务的更高一级目标,也可以从每一个目标分解出作为其手段的若干个下级目标。以

图 2-7 所示的目标树为例，对目标 G_1，试探寻找实现它的手段，把它分解为多个下级目标 $G_{1,1}, G_{1,2}, \cdots, G_{1,m}$，然后分别探索实现 $G_{1,1}, G_{1,2}, \cdots, G_{1,m}$ 的手段，再把它们细分为若干个更为具体的子目标，如 $G_{1,1,1} \sim G_{1,1,n}, \cdots, G_{1,m,1} \sim G_{1,m,k}$。对仍然找不到途径和手段的目标，就继续进行分解，直到找到所有可实现目标的途径和手段，使所有子目标清晰具体为止，然后把所有的目标组合起来，从而构成复杂系统的目标体系或目标集合。

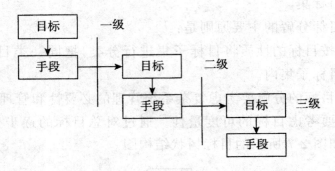

图 2-8　目标手段复杂系统图

建立复杂系统的目标集是一个细致分析、反复调整和论证的过程，需要严谨的逻辑推理和创造性的思维，需要丰富的社会、经济、科学技术知识和实践经验，以及对复杂系统的深刻认识。

【例 2-1】　国家教育复杂系统规划的目标树如图 2-9 所示。总目标是提高我国全民文化素质，为实现此目标就要加强基础教育、发展职业教育、提高高等教育、发展成人教育等，加强基础教育就要发展学前教育、普及九年义务教育、注重特殊教育等。

【例 2-2】　若要实现"有效摧毁远距离外敌方设施"这样一个总目标，可以建立如图 2-10 所示的目标树。

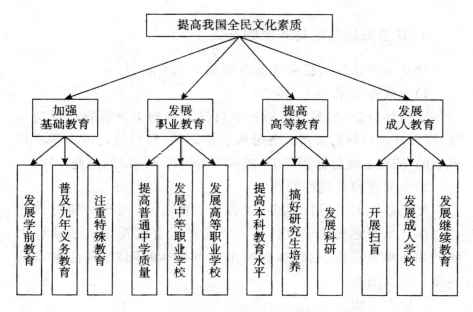

图 2-9　国家教育复杂系统规划的目标树

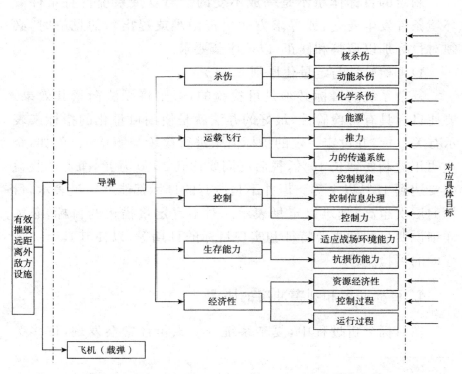

图 2-10　"有效摧毁远距离外敌方设施"的目标树

3. 建立目标集的基本原则

建立复杂系统的目标集应遵循如下基本原则。

1）一致性原则

在目标分析中，要注意每一级目标都应与上一级目标保持一致，以保证总目标的实现。各分级目标之间、目标与目标之间不是孤立的，应在上级目标指导下，做到纵向间和横向间的协调一致。

2）全面性和关键性原则

复杂系统的子目标越多，越容易忽视重点，因此必须突出对总目标有重要意义的子目标。可以通过设置权重来表示目标之间的相对重要程度。当然，在突出重点目标的同时，还应考虑目标体系的完整性。

3）应变原则

制定的目标体系不是一成不变的。当复杂系统自身条件或环境条件发生变化，或寻求方案出现困难或提出新的见解时，必须对目标加以调整和修正，以适应新要求。

4）可检验性与定量化原则

复杂系统的目标必须是可检验的，否则将无法衡量其效果。要使目标具有可检验性，最好的办法就是使用可量化的指标来表示有关目标，并设定一定的指标值来进行检验与衡量[①]。例如，企业明年盈利要增长 10%，税后利润要达到 1000 万元，净资产收益率要达到 15% 以上等。但并不是所有的目标都能够定量表示，目标的层次越高，越难以定量表示。对不宜定量描述的目标，必须详细说明目标的重要特征和实现目标的日期等，以使其具有一定程度的可检验性。

4. 目标冲突和利害冲突的协调

在目标分析过程中，复杂系统分析人员经常会发现，许多关

---

① 关于指标的概念目前并未统一，有的文献中意为指标变量或指标项，有的文献中意为指标取值。这里做如下统一：指标是指指标变量或指标项；指标值是指指标的取值。

键情况往往是由于存在着相互冲突的分目标造成的。一般分为目标冲突问题和利害冲突问题。

1) 目标冲突问题

在寻求合理解决运输工具的目标集中,有这样两个分目标:一是尽可能低的运输投资,二是尽可能高的运输效率。

在实际应用中,这两个目标是不可能同时实现的。在正常情况下,解决这类问题一般有两种做法:一种是坚持建立一个没有矛盾目标的目标集,把引起矛盾的分目标剔除掉(如费用);另一种是采纳所有的分目标,寻求一个能达到冲突目标并存的方案。

复杂系统分析人员可根据具体问题去选择解决目标冲突问题的办法。

2) 利害冲突问题

利害冲突的产生是源于目标涉及了某些利益集团的期望,所以称之为利害冲突。例如有下列两个分目标:目标一,采用管理信息复杂系统以降低人工成本和提高管理效率;目标二,保证工作岗位,不裁员。显然这两个目标有利害冲突。

在处理利害冲突问题时,要持慎重态度,采取协调处理办法。一般有三种处理办法:一是目标代表方之一放弃自己的利益;二是保持原目标用其他方式补偿受损方的利益;三是通过协商,调整目标复杂系统,使之达到目标相容。

2.4 复杂系统结构分析

2.4.1 复杂系统结构与复杂系统功能

任何复杂系统都以一定的结构形式存在。结构是指复杂系统内部各要素之间相互联系、相互作用的方式或秩序,主要包括等级、层次、秩序、组织形式、反馈机构、协同作用等。它不仅包括要素之间的相互作用,也包含各要素的活动和信息往来。

　　一般来说,结构是从复杂系统内部描述复杂系统整体的性质,功能是从复杂系统外部描述复杂系统整体的特征。

　　复杂系统结构是复杂系统保持整体性和使复杂系统具备必要的整体功能的内部依据,是反映复杂系统内部要素之间相互联系、相互作用形式的形态化,是复杂系统中要素的秩序的稳定化和规范化。

　　复杂系统功能是指复杂系统整体与外部环境相互作用中表现出来的效应和能力,以满足复杂系统目标的要求。尽管复杂系统整体具有其各个组成部分没有的功能,但是复杂系统的整体功能又是由复杂系统结构决定的。

　　复杂系统功能与复杂系统结构是不可分割的。结构是功能的基础,并决定功能,结构变化必然会引起功能的变化。复杂系统内各要素的组织结构越合理,复杂系统的各组成部分之间的相互作用就越协调,复杂系统才能在整体功能上达到优化。功能对结构也存在反作用,如功能性的病态,也会导致复杂系统结构的恶化或崩溃。

　　我们把目的性作为决定复杂系统结构的出发点。复杂系统在对应于复杂系统总目标 G 和环境因素约束集 O 的条件下,在复杂系统要素集 X、要素之间相互作用集 R,以及要素集和相关关系在阶层分布 C 上的最优结合,并能给出最优结合效果的前提下得到复杂系统输出最优 E 的复杂系统结构。这种思维可用两个公式表达如下:

$$E = \max P(X, R, C)$$
$$P \rightarrow G$$
$$P \rightarrow O$$
$$\text{Sopt} = \max\{S/E\}$$

　　由于结构不同,复杂系统呈现出不同的性能。比如,金刚石与石墨都是由碳原子组成的,但由于结构不同,它们的性质和功能却截然不同。复杂系统的结构能够使复杂系统保持质的稳定性和连续性。如汽车在使用过程中,多次更换零部件要素具有可替换性,但由于其结构相对固定,所以仍能保持其功能。

在对复杂系统进行分析时,要善于通过改变复杂系统的结构来调整复杂系统的功能,或者从复杂系统的目标出发,根据最佳功能的要求,寻求优化的结构,构建新复杂系统或对原有复杂系统进行改造。

复杂系统结构分析是复杂系统分析的重要内容,也是复杂系统分析和复杂系统设计的理论基础。复杂系统结构分析的主要内容包括复杂系统的要素分析、要素间的相关性分析、复杂系统的层次性分析以及复杂系统的整体性分析。

2.4.2 复杂系统要素集的分析

为了达到复杂系统给定的功能要求,即达到对应于复杂系统总目标所应具有的复杂系统作用,复杂系统必须有相应的组成部分,即复杂系统要素集。

$$S = \{e_i \,|\, i = 1, 2, \cdots, n\}$$

复杂系统要素集的确定可在已确定的目标树的基础上进行。当复杂系统目标分析取得了不同的分目标和目标单元时,复杂系统要素集也将对应地产生。对应于总目标分解后的分目标和目标单元,要搜索出能达到此目标的实体部分。例如,如要达到运载飞行器的分目标,就要有导弹或远程飞机的实体复杂系统;如果要达到运载飞行,就要有能源、推力、力的传递等分目标。相应地,从复杂系统要素集看,则要有液体或固体燃料的存储、输送和控制部分,发动机部分,力的传送机构等。这些要素集与复杂系统的目标集是一一对应的。在这种对应分析中,和分目标或目标单元对应的实体结构是功能单元,即独立执行某一任务的功能体。例如,对应于动能杀伤的功能单元应是各种弹头,而不止是火药;对应于控制部分的是某种逻辑电路,而不是某种电子元件。通过目标集的对应分析就能找到构成复杂系统的要素集或功能单元集。

由于与目标单元对应的功能单元(要素)可能不是唯一的,所以存在选择最优对应的问题,即在满足给定目标要求下确定的功能单元(要素)应使其构造成本最低。这主要借助价值分析技术。例如,分析核弹头与普通弹头在实现同样杀伤目标的条件下,哪种弹头综合计算后比较低廉。

还必须注意技术进步的因素,这有可能使费用增加,但是功能费用比也可能更高,所以要分析考虑价值分析的结果。这就要求在复杂系统要素集的确定过程中,充分运用各种科技知识和丰富的实践经验综合出来的创造力。

2.4.3 相关性分析

复杂系统要素集的确定只是说明已经根据目标集的对应关系选定了各种所需的复杂系统结构组成要素或功能单元,它们是否达到目标要求,还要看它们之间的相互关系如何,这就是复杂系统的相关性分析问题。复杂系统的属性不仅取决于它的组成要素的质量和合理性,还取决于要素之间应保持的关系。同样的砖、瓦、砂、石、木、水泥可以盖出高质量的楼盘,也可能创造出"豆腐渣工程"。

由于复杂系统的属性千差万别,其组成要素的属性复杂多样,因此要素间的关系是极其多样的。这些关系可能表现在复杂系统要素之间保持的各类关系上,如空间结构、排列顺序、相互位置、松紧程度、时间序列、数量比例、力学或热力学的特性、信息传递方式,以及组织形式、操作程序、管理方法等。这些关系组成了一个复杂系统的相关关系集,即

$$R = \{ r_{ij} \,|\, i,j = 1,2,\cdots,n \}$$

由于相关关系只能发生在具体的要素之间,故任何复杂的相关关系在要素不发生规定性变化的条件下,都可变换成要素两两之间的相互关系,即二元关系是相关关系的基础,而其他更加复杂的关系则是在二元关系的基础上发展的。表 2-2 所示为复杂系统要素二元关系分析表。

表 2-2   复杂系统要素二元关系分析表

要素	e_1	e_2	...	e_j	...	e_n
e_1	r_{11}	r_{12}	...	r_{1j}	...	r_{1n}
e_2	r_{21}	r_{22}	...	r_{2j}	...	r_{2n}
...	...	...	...	...	...	...
e_i	r_{i1}	r_{i2}	...	r_{ij}	...	r_{in}
...	...	...	...	...	...	...
e_n	r_{n1}	r_{n2}	...	r_{nj}	...	r_{nn}

在二元关系分析中,首先要根据目标的要求和功能的需要明确复杂系统要素之间必须存在及不应存在的两类关系,同时必须消除模棱两可的二元关系。当 $r_{ij}=1$ 时,要素间存在二元关系;当 $r_{ij}=0$ 时,要素间不存在二元关系。

通过二元关系分析表,可以明确存在的二元关系的必要性和这些二元关系的内容;可以明确复杂系统内要素的重要程度及输出和输入的关系。同时又可以看出所有行的二元关系都是该要素的输出关系,而列的二元关系都是输入关系,这样就可以掌握复杂系统任何一个要素在复杂系统运行中的输出二元关系的总和及输入二元关系的总和,这对复杂系统状态的掌握、管理和控制是非常有用及有效的,可以明确复杂系统要素间二元关系的性质及其变化对分目标和总目标的影响。例如,二元关系可能是技术的、经济的、组织的、操作的、心理的等。通过对这些二元关系的性质及其变化的分析,可以得出保持最优的二元关系的尺度和范围,这为优化研究提出了更为具体和实际的问题。

2.4.4 层次性分析

大多数的复杂系统都是以多阶层递阶形式存在的。哪些要素归属于哪一层,层次之间保持何种关系,以及层数和层次内要素的数量等都很重要。对于这些问题的研究将从复杂系统的本质上加深对复杂系统结构的认识,从而揭示事物合理存在的客观规律,这是提出复杂系统层次性分析的理论依据。

为了实现给定的目标,复杂系统或分复杂系统必须具备某种相应的功能,这些功能是通过复杂系统要素的一定组合和结合来实现的。由于复杂系统目标的多样性和复杂性,任何单一或比较简单的功能都不能达到目的,需要组成功能团和功能团的联合。这样,功能团必然要形成某种阶层结构形式、各层次上功能团的阶层关系和功能团之间的相互作用。没有这种层次上的安排,各个功能团就不能相互协调运行,最后实现复杂系统整体的目标。其他的复杂系统事物也大体类似。例如,工厂的分厂、车间、工段、小组;社会上的各级行政机构、社团组织等,也都是这种功能团的结合,最后实现工厂和社会组织的目标。

复杂系统的层次性分析主要是解决复杂系统分层和各层组成及规模合理性问题。这种合理性主要从以下两个方面考虑。

(1)传递物质、信息与能量的效率、质量和费用。对于技术复杂系统,主要看能量和信息的传递链的组成及传递路线的长短。例如,在工程技术复杂系统中,能量和信息的传递链及路径的长短与复杂系统内部的层次多少有关。环节越多,摩擦越多,传递效率越低,信息越容易失真。组织管理复杂系统也是一样,层次多,涉及人员多,关系复杂,时延长,效率低,费用高。一项研究表明,公司董事会的决定经过6个层次后信息损失平均达80%,即董事会100%、副总裁63%、部门主管56%、工厂经理40%、一线工长30%、职工20%。由于复杂系统的组织层次越多,上下级之间的沟通就越差,这将直接影响信息的传递和决策的执行。所以必须从优化复杂系统的结构和功能出发,确定合理的层次结构,减少不必要的层次,提高沟通的效率和质量。

另外,复杂系统的层次幅度不能太宽,即所包含的子复杂系统或要素不能过多,否则不利于集中。例如,工程技术复杂系统中元件过于分散,对实现总体功能不利。管理复杂系统也存在管理幅度问题,一个工长最多看 30 名工人,过多则难以有效地控制和管理。

总之,必须用复杂系统的观点,以复杂系统整体的结构和功能的优化为原则设计和组织复杂系统的层次结构,妥善考虑层次的设置、子复杂系统的协调及子复杂系统和要素合理归纳的问题。

(2)功能团(或功能单元)的合理结合和归属问题。某些功能团放在一起能起互补的作用,有些则相反。在技术复杂系统中,控制功能必须放在执行功能之上,否则也起不到控制作用。管理机构复杂系统内,不同层次内放哪些机构合适,这是很重要的问题。例如,行政机构中的人事处和党的机构中的干部处在层次上如何安排是一个值得研究的问题,因为它们的功能团作用有交叉。功能团归属问题也影响很大。会计师、检查员归属不同层次,效用发挥是不同的。实践表明,监察功能一般不应放在同层次内管理。同样,在技术复杂系统中,控制功能必须放在执行功能之上,否则也起不到控制作用。

2.4.5　整体性分析

复杂系统的整体性分析是复杂系统结构分析的核心,是解决复杂系统整体协调和整体最优化的基础。上述复杂系统要素集、关系集和层次关系的分析,在某种程度上都是研究问题的一个侧面,它的合理化或优化还不足以说明整体的性质。整体性分析则要综合上述分析的结果,从整体最优上进行概括和协调,这就要使复杂系统要素集 S、相互作用集 R 和复杂系统层次分布集 C 达到最优结合,以实现复杂系统效用的最大值和整体最优输出。

1. 整体最优化的可能性

(1) S、R 和 C 的合理性分析是在可行范围内讨论的,这些变量都有允许的变化范围,不是绝对的。例如,在炼油厂内,在原油供给量一定、工艺装置基本确定的情况下，产品品种、物料搭配关系和物料流动的层次关系出现变动的可能性较大，因此，要提高产品加工体系内各种变量变动的可能性。

（2）在对应于给定目标的要求下，S、R 和 C 将有多种结合方案，而每种方案的结合效果是不同的。例如，炼油厂在规定的计划期内，在满足国家某些指令性指标的前提下，可提出若干个产品结构设计，这是 S、R 和 C 的不同结合方案，因此存在优选的可能性。

（3）对应于一定的价值目标（如最低能耗）改变 S、R 和 C 的结合状态，可以看出效果函数的变化状态和优化方向，使取得复杂系统最佳效能成为可能。因此可获得在复杂系统最优条件下最大输出（如最大利润）的 S、R 和 C 的结合方案。

这些情况说明整体性分析不仅有必要性，而且有实现的可能性。

2. 整体性分析的内容

为了进行整体性分析，需要解决三个问题，即建立评价指标体系，即对具体的复杂系统来说，它的整体性效果函数应表现在哪些指标上，标准是什么；建立反映复杂系统特性的 S、R 和 C 结合模型；建立结合模型的选优程序。下面主要讨论前两个问题。

1）建立评价指标体系

为了衡量和分析复杂系统的整体结合效果，首先要建立一套评价指标体系。指标体系是为了评价的目的建立的，是目标树或目标体系的具体化。指标分别说明这种综合效果表现的各个方面；指标应当有最低标准，达不到就说明这种结合没有取得起码的整体效果；指标应当是可衡量的价值指标，以便在多指标条件下做到综合评价。

2）建立反映复杂系统特性的 S、R 和 C 结合模型

该类模型应反映出复杂系统结合三要素集的特点和整体结

合效果函数的表达形式,把结合状态结构化和定量化。

3. 提高复杂系统整体效果的规律性

实践表明,提高复杂系统整体效果具有如下规律性:

(1)复杂系统的各个组成部分对复杂系统整体均有其独特的作用,应按"各占其位,各司其职"的整体观点对待。突出整体中的任何局部(即使它非常重要)的作用都将影响甚至是损害整体效果。例如,企业的生产功能非常重要,但是当强调其重要性以至将它提高到不适当的位置,达到一切为生产"开路"时,就会压制企业的其他相关环节,最后也会使生产不能获得更佳的效果。对于生产与发展新品种、生产与销售、生产与维修、生产与培训、生产与经营、生产与生活的位置,如果长期以来摆法不正常,就可能出现产品几十年一贯制、设备陈旧、技术人员知识老化、工艺落后、产品积压等情况。

(2)复杂系统的各个组成部分必须按复杂系统整体目标进行有序化,偏离整体目标各自为政,或目标分散,或意见分歧,都将增加复杂系统的内耗,最后使复杂系统无输出或少输出。但是有序化要求有一个强大的引力场,像铁分子在磁场中一样,这是达到有序化的前提条件。

(3)要注意整体中的协调环节和连接部分。没有协调环节和连接部分也就没有整体,当然也谈不上提高整体效果。就好像糊纸盒的糨糊、衣服上的纽扣、十字路口的红绿灯、住房中的走廊等,都是复杂系统中的协调环节和连接部分。这些部分往往容易被人们忽视,若考虑不周,就会影响甚至冲销整体效果。

(4)只有不断调整和处理复杂系统中的矛盾成分和落后环节,才能不断提高复杂系统的整体效果。复杂系统内部的各个组成部分有基本的配套关系和适应比例,个别部分出现不适应或矛盾状态,就必须及时调整和处理,否则整体发展就要受到影响。例如,国民经济发展中农业、轻工业、重工业的比例;生命复杂系统中各种营养成分的比例;生产复杂系统中各个技术环节的适应关系;干部队伍中各种人员的比例;化肥品种的配合关系;各种人才的知识结构等。这些都存在矛盾成分和落后环节的问题。要提高复杂系统的整体效果,就必须不断收集资料和掌握情况并进行分析,正确处理那些不适应的部分,以促进复杂系统的均衡、协调发展。

总之,以上工作对合理选择构成复杂系统的要素、厘清要素之间的相互影响关系及层次关系,进而达到复杂系统的整体协调和最优化具有重要作用。当复杂系统要素较多、要素间的关系比较复杂时,全凭人脑来完成工作难度极大,甚至是不可能的。因此,需要采用规范化的方法,借助数学手段和计算机工具来辅助完成复杂系统结构分析。

2.4.6 寿命周期分析

复杂系统生命周期就是复杂系统从产生构思到不再使用的过程。

任何复杂系统都会经历一个发生、发展和消亡的过程。一个复杂系统经过复杂系统分析、复杂系统设计和复杂系统实施投入使用以后,经过若干年,由于新情况、新问题的出现,人们又提出了新的目标,要求设计更新的复杂系统。这种周而复始、循环不息的过程被称为复杂系统的生命周期。

复杂系统寿命周期分析是对复杂系统从产生到衰亡的全过程的分析,主要是从整体上研究复杂系统发展变化的规律。通过寿命周期分析,根据复杂系统在不同阶段上的特点制定和实施相应的措施,以妥善地解决问题和有效地实现复杂系统的目标。

复杂系统的生命周期有四个阶段。第一个阶段是诞生阶段,即复杂系统的概念化阶段;一旦进行开发,复杂系统就进入第二个阶段,即开发阶段,在该阶段建立复杂系统;第三个阶段是生产阶段,即复杂系统投入运行阶段;当复杂系统不再有价值时,就进入了最后阶段,即消亡阶段。这样的生命周期不断重复出现。

　　不同类型的复杂系统,各个时期的成长性、工作、任务和目标又各具特点。一般来说,在复杂系统产生和发展的时期,其有序性越来越强;而当复杂系统进入衰老消亡的时期,有序性越来越差。

　　复杂系统在寿命周期内的变化规律可用增长曲线来描述,常用的增长曲线是龚波茨(Gompartz)曲线和 S 形曲线。在此仅简要介绍龚波茨曲线。

　　龚波茨曲线是英国数学家和统计学家龚波茨提出的,其数学表达式为

$$y_t = ka^{b^t}$$

式中,a、b、k 为参数。

　　龚波茨曲线如图 2-11 所示。初期增长率较慢,随后增长率逐渐加快,达到一定水平后,增长率逐渐降低,而进入稳定状态。

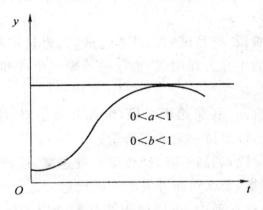

图 2-11　龚波茨曲线

　　寿命周期的概念应用十分广泛,如产品的寿命周期、技术的寿命周期、企业的寿命周期等。产品的寿命周期是指产品从进入市场至退出市场这一时期的销售情况随时间变化的规律,如图 2-12 所示。

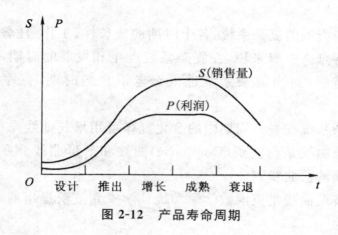

图 2-12　产品寿命周期

产品寿命周期通常分为五个阶段：

（1）设计阶段，主要是产品开发和销售预测工作，带有试探性和可逆性；

（2）推出阶段，产品开始在目标市场销售，起初销量较低，但具有上升趋势；

（3）增长阶段，产品试销已基本完成，销售量和利润以一定速率增长，产品的生命力在增强，企业进行规模生产和运行，竞争者日益增多；

（4）成熟阶段，利润趋于平稳，继而开始下降，激烈的竞争使产品价格下跌，以维持一定的销售量；

（5）衰退阶段，利润下降，销售量持续递减，逐渐无利可图，产品要么退出市场，要么被新开发的产品代替。

在企业经营管理中，可以应用产品寿命周期的概念，根据产品在不同时期的特点而采取相应的策略。在萌发期（设计和推出期），产品的研究与开发是最重要的推销手段；在增长期，这种手段依然有效；在增长和成熟期，因为生产同类产品的厂商增多，企业面临的主要问题是吸引人们购买本企业的产品。因此这一阶段产品的价格和广告是最重要的销售手段；在饱和阶段，质量更上一个档次是十分重要的销售和竞争手段；在衰退期，寻求新的消费者的广告虽然重要，但其收效不会十分显著。

2.5　复杂系统可行性分析

2.5.1　可行性分析的基本概念

1. 基本概念

所谓可行性分析,就是对一个想要去实施的项目,在明确目标限制条件下作出科学的回答:该项目是否可以上马? 如果上马,采取何种方案为好? 要回答这两个问题,需要一套比较完整、比较严格的程序和方法,由此构成可行性分析的丰富内容。

进行一个项目的开发或一项工程建设,要力求技术上先进、经济上合算、管理上可行及发展上可协调。为此,在项目开发或工程建设开发之前,必须就这些方面进行一系列技术的、经济的、管理的分析研究工作。也就是说,项目(即复杂系统)的可行性分析就是在项目开发建设之前所进行的包括技术经济分析、成本效益分析和组织管理分析在内的复杂系统分析。它是选择复杂系统开发项目、进行方案决策的前提和依据。

可行性分析的对象一般包括新建、改建、扩建工业项目,信息化建设的项目,公共设施,科研项目,区域经济开发,技术措施的采用与技术政策的制定等。

可行性分析的工作深度要求能判定放弃还是继续研究,直到最后作出行与不行的决策建议。分析的结果主要阐明以下 6 个问题,即要干什么? 为什么要干? 什么时候干为好? 在哪儿干? 由谁来承担? 应如何进行? 国外在可行性分析中常用 5W1H 表示这 6 点,即 What、Why、When、Where、Who、How。

2. 重要作用

可行性分析具体有以下几个重要作用:

（1）作为项目开发建设的依据。决策者在决策时，主要就是看可行性的结论如何。

（2）作为向银行贷款的依据。银行需审查可行性分析报告，确认借出资金投入开发建设后具有偿还能力，才同意贷款。

（3）作为向政府部门包括环保当局申办项目开发建设执照的依据。

（4）作为该项目与有关部门签订合同的依据。

（5）作为本项目开发建设基础资料的依据。

（6）作为与项目配套的科学试验、设备制造、复杂系统物理配置的依据。

（7）作为企业组织管理、机构设置、职工培训等工作安排的依据。

3. 人员要求

由于可行性分析所涉及的问题范围很广，因而进行可行性分析时必须有掌握各方面知识的专门人才参与，互相协助配合。例如需要工业经济、企业管理、信息技术、市场分析、财务会计、环境工程、金融信贷等方面的专家，以及工艺、机械、土木、计算机、生态环保等技术人员参加。这些人员需由专门承担项目（即复杂系统）的可行性分析的单位或部门组织起来共同工作。

承担可行性分析的单位或部门要经过政府有关部门的资格审定，要对工作成果（论证报告书）的可靠性、准确性承担责任。同一项开发建设的项目应有两个单位同时独立进行复杂系统可行性分析，且其中有一个单位应同项目提出者没有直接的隶属关系。政府或主管部门要为可行性分析研究单位创造条件，使之能客观、公正、顺利地开展工作，任何单位和个人都不得加以干涉。

历史的教训是沉重的。以前，有些项目由于忽视可行性分析的研究，曾给我国经济造成巨大损失。一些项目未经可行性分析论证就盲目等,仓促上马,结果耗费了几十亿、几百亿元,遇到种种困难和障碍,被迫停建、缓建或修改方案,教训十分沉重。现在,可行性分析研究受到普遍的重视与应用。

2.5.2 可行性分析的地位

我们在此所说的地位,是指可行性分析研究在项目开发周期中的地位。一般来说,项目的开发周期可以划分为三个时期,即投资前时期和交付投资时期、运行时期。前两个时期又可分为若干阶段。

1. 投资前时期

该时期可分为四个阶段。

1)投资机会论证

投资机会论证主要是建立项目概念。其目的是初步探讨有无建立项目的必要,即有无委托咨询公司进一步做可行性研究的必要。这个论证可以由企业(即委托方)自己来做,还可以由企业自己主持并组织一部分人来做,也可以委托咨询公司来做,提出的报告就叫"项目概念"。

2)初步可行性分析

投资机会论证尽管是粗浅的,如果项目概念可以确立,则企业一般就可请咨询公司进行初步可行性分析,以判断项目概念的正确性。这一阶段主要分析企业的产品性能与用户需要、销售的可能性、原材料的来源、厂址的区域、主要工艺和流程、职工的来源及其技术水平、投资估算、投产后的经营状况预测和财务盈利分析。如果初步可行性分析结论认为项目生存能力不大,就不必作进一步的研究了;如果认为项目是有前途的,经过企业认可,就进一步作"最终可行性分析"。

3)项目论证阶段

该阶段要做的工作就是最终的可行性分析,又称为详细的技术经济可行性分析。其结果就是最终可行性分析报告。该报告的内容与初步可行性分析相似,但更具深度和定量分析。工艺、原材料、厂址等许多重要条件都要经过技术人员的试验、分析、调查、勘测、钻探,取得必要的参数,落实工艺过程中的改进部分和新工艺技术中间试验,明确产品生产的可靠性。在详细落实各种技术条件、自然条件、社会条件的基础上进行建设资金和生产经营上的核算,并最终以经济效益来论证该项目的生存能力。

4)评价决策阶段

该阶段主要由项目提出者根据最终可行性分析报告的论证结论,作出判断与决策。同时项目提出者还要请给予贷款的银行进行评价,并共同做出最后的"行"或"不行"的决定,这个阶段的工作就结束了。

2. 投资时期

这个时期是项目开发建设的实施时期,也是使用投资的高峰时期。它可分为四个阶段。

1)协商和签订合同阶段

该阶段主要针对有关资金的借贷、原材料的供应、能源供应、劳动力的来源与培训、生产协作和销售等各方面的业务关系进行协商,达成彼此都能接受的条件,并明确互相承担的责任,以文字形式签订合同,使经济责任具有法律效力。

2)项目设计阶段

这一阶段的工作主要是项目承担部门的复杂系统设计人员在项目的技术性复杂系统分析的基础上,提出供项目实施的复杂系统设计方案。

3)实施阶段

这一阶段的工作是最具体的,也是最艰巨的,主要由负责项目建设、安装的部门或单位根据项目的复杂系统设计方案进行具体的施工、安装、调试。

4)试运转阶段

任何一个项目的开发建设工作经过实施阶段后,都须进行三个月到半年的试运行。这一阶段主要由项目使用部门的业务人员对安装、调试后的复杂系统进行日常生产或使用的维护工作,并根据三个月至半年的运行记录,组织有关方面的专家、技术人员、复杂系统分析与设计人员对项目的复杂系统运行进行合格的评价。

3. 交付运行时期

项目运行评价合棒后,由开发建设单位交付给项目投资使用单位,正式投入生产与使用。

2.5.3　可行性分析的基本内容

我们以工业项目为例,阐述可行性分析一般应具备的基本内容。

(1)总论。

项目提出的背景(如果是改建或扩建项目要说明企业现状)、投资的必要性、经济意义和社会意义的分析。

分析研究工作的依据和所涉及的范围说明。

(2)需求预测和拟建规模。

国内外需求情况的预测和市场情况的分析。

国内现有企业(同类或相关企业)生产能力的估计。

销售预测、价格分析、产品竞争能力及进入国内国际市场的前景分析。

拟开发建设的项目的规划、产品方案和发展方向的技术经济比较和分析。

(3)资源、原材料、燃料、动力及公用设施情况。

对资源(人力资源、资金资源、产品生产的资源)储量、品位、可使用条件等进行评述分析。

对所需的原料、辅助材料、燃料及动力的种类、数量、来源和供应可能性进行分析。

说明所需公用设施的数量、供应方式和供应条件。

(4)项目选址条件与方案。

项目选址的地理位置、气象、水文、地质、地形条件和社会经济现状分析。

交通、运输及水、电、气供应现状与发展趋势估计。

生态环境、现代信息化环境、人文环境分析。

几种选址方案的比较分析与选择建议。

(5)设计方案。

项目的构成范围(指所包含的主要子项系统工程)、技术来源和生产方法、主要技术工艺和设备选型方案的比较,引进技术、设备的来源国别,设施的建设与施工,设备的购进与安装,原有固定资产的利用等,对这些都要提出具体的方案说明。

项目选址布置方案的具体要求和各项工程量的估算。

公用辅助设施和交通运输方式的比较与选择。

(6)环境保护。

调查周边环境现状,预测项目对环境的影响,提出环境保护和治理"三废"的具体方案。

(7)项目所需的组织、劳动定员和人员培训分析。

(8)开发实施项目的进度建议。

(9)投资估算和资金筹措。

主体工程与协作配套工程所需的投资。

生产与使用的流动资金的估算。

资金来源、筹措方式及贷款的偿付方式。

(10)社会及经济效益评价。

开发建设项目的经济效益要进行静态的和动态的分析,不仅要计算项目本身的微观效果,而且要衡量项目对国民经济和社会发展所起的宏观效果。项目可行性分析的内容可用图 2-13 表示。

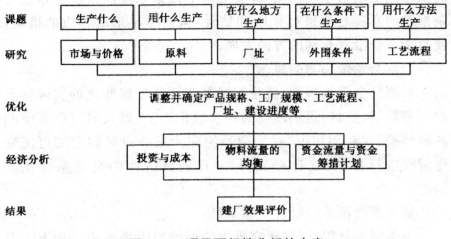

图 2-13　项目可行性分析的内容

2.6　系统工程方法论

　　系统工程方法论是一种将分析对象作为整体复杂系统来考虑,在此基础上进行分析、设计、制造和使用的基本思想方法。系统工程方法论主要的研究对象有各种系统工程方法的形成和发展、基本特征、应用范围、方法间的相互关系,以及如何构建、选择和应用复杂系统方法。

2.6.1　复杂系统预测方法

1. 复杂系统预测的概述

　　在系统工程的工作中,系统工程人员在对一个复杂系统作出规划、设计,或是进行分析、改造时,都需要对复杂系统的过去和现状进行深入和充分的研究,运用系统工程的方法和技术对复杂系统的各可行方案进行对比分析,并进行复杂系统的评价和优化。但是这些工作仅仅是对已有的历史资料进行研究,而更重要的工作则是复杂系统预测,即要对影响复杂系统的某些因素或复杂系统的发展趋势进行推断和估计,从而尽早采取相应的措施,使复杂系统沿着有利的方向发展。

1)复杂系统预测的概念

所谓复杂系统预测,就是根据复杂系统发展变化的实际情况和历史数据、资料,运用现代的科学理论方法,以及对复杂系统的各种经验、判断和知识,对复杂系统在未来一段时期内的可能变化情况进行推测、统计和分析,并得到有价值的复杂系统预测结论。

复杂系统预测一般有三种途径:

一是因果分析,通过研究事物的形成原因来预测事物未来发展变化的必然结果;

二是类比分析,例如将正在发展的事物同历史上的事件相类比来预测事物的未来发展;

三是统计分析,运用一些数学方法,通过对历史数据资料进行分析,找到事物发展的必然规律,预测未来的发展趋势。

2)复杂系统预测的原则

复杂系统预测需要遵循以下原则:

(1)整体性原则。复杂系统是由相互联系、相互制约、相互作用的若干部分组成的具有特定功能的有机整体。复杂系统的发展是沿着过去、现在、将来的时间次序变化的,其过程也是一个有机的统一的整体。在这个过程中,复杂系统发展受到某种规律的支配。因此,要求预测人员不能孤立地研究某个时间点,而应将复杂系统作为一个发展的整体来预测未来的状态。

(2)关联性原则。复杂系统内部各要素之间存在着某种相互作用、相互依赖的特定关系。对于一个复杂系统来说,各种要素错综复杂,预测者应该对要素间的相互联系作全面的分析,找到其中的包含关系、因果关系、隶属关系等,进行科学的预测。

(3)动态性原则。复杂系统的发展不仅受到内部各个因素的制约,同时还受到有关外部环境的影响。因此,预测人员要时刻关注复杂系统内外环境要素的变化,采用相应的方法及时调整相关的复杂系统参量,以适应外界变化的要求。

(4)反馈性原则。预测是为了更好地指导当前的工作,因此要不断地反馈,对预测进行修正,为决策提供可靠的依据。

3)复杂系统预测的步骤

尽管不同的预测对象、不同的预测方法可能导致不同的预测实施过程,但总体看来,特别是定量预测方法大致可分为以下 6 个步骤,如图 2-14 所示。

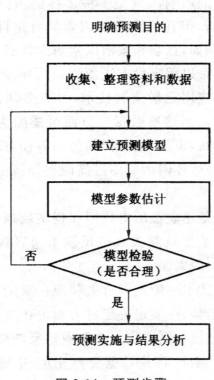

图 2-14 预测步骤

2. 定性预测法

1)定性预测概述

定性预测是一种直观性预测,它主要根据预测人员的经验和判断能力,不用或仅用少量的计算,即可从预测对象过去和现在的有关资料及相关因素的分析中揭示出事物发展的规律,求得预测结果。

定性预测是应用最早的一种预测技术,其作用十分重要。在电子计算机技术进入预测领域的今天,定性预测技术仍有其不可忽视的重要作用,不失为实用而又科学的预测方法。

我们切不可片面地认为只有建立数学模型、用定量方法进行预测才是科学的,因为大量的预测实践证明,在预测工作中仅仅依靠数学手段和数学模型有很多局限性。

(1)复杂系统的影响因素是多种多样的,这些因素中有些可以定量地加以分析,但还有大量的因素只有定性的特征,难以定量地加以表示。例如,社会和政治因素对经济目标的影响就难以定量表示,因此也难以用定量方法预测。

(2)在预测中应用定量预测技术,一般必须占有大量的历史与现实的数据资料,而这些数据一方面可能因为种种原因(如未作统计)根本不存在,也就无法得到;另一方面,即使数据存在,但要得到这些数据却往往因为费用过高而在经济上不合理,或太浪费时间而不允许。

(3)定量预测是建立在历史数据和现实数据资料基础上的定量分析,某些原始数据资料失真或反映不出客观发展的规律性,常常造成定量预测的失误。

(4)定量预测技术一般是以过去和现在复杂系统的发展状况推测未来的发展趋势,并假定决定过去和现在发展的条件同样适用于未来。由于定量预测往往无法灵敏地反映外界因素的影响,缺乏自适应能力,因此,即使数据资料充足、准确,在进行定量预测,特别是中长期预测时,其结果往往带有一定的片面性,有时甚至因为估计不到复杂系统发展的转折点而导致预测失误。

基于以上原因,在国内外当前的实际预测工作中,定性预测所占的比重仍然是相当大的。一些重大的经济预测、技术预测、企业经营预测等,往往采用定性预测的方法,或者是在采用定量预测的同时辅以定性预测方法加以修正。

定性预测方法很多,本节将重点介绍德尔菲法、交叉概率法、类推法等较常用的方法。

2)德尔菲法

德尔菲(Delphi)法是美国兰德公司在承担美国空军名为"德尔菲计划"的预测工作中,由数学家黑尔莫(O. Helmet)和达凯(N. Dalkey)共同研究成功的一种方法。德尔菲法是一种专家调查法,即利用专家们的经验和知识对所要研究的问题进行分析和预测的一种方法,它具有三个特征,即匿名、循环和有控制地反馈、统计团体响应。它是依靠若干专家背靠背地发表意见(各抒己见),同时对专家们的意见进行统计处理和信息反馈,经过几轮循环,使得分散的意见逐渐收敛,最后达到较高准确性的一种方法,此种方法最常用于中长期预测。

(1)德尔菲法的程序。

德尔菲法的程序可用图 2-15 来表示。

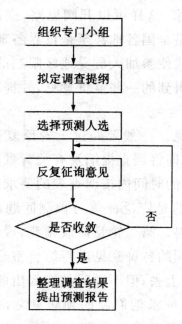

图 2-15　德尔菲法程序图

①组织专门小组。预测工作者是专家调查的主持人,通常组织一个专门小组进行此项工作。其任务是拟定调查提纲,提供背景材料,专人负责与专家联系,收集、分析和整理调查结果,提出预测报告。

②拟定调查提纲。预测组织者把需要预测的内容拟成几个或十几个问题,列成调查提纲。提纲要明确具体、用词准确,尽量避免含糊不清和缺乏定量概念的词汇;问题不宜过多,估计回答问题的时间尽量不超过 2~4 小时,以避免答复的人不耐烦,有利于保证预测质量;对有怀疑、有争议的问题预测必须指明参考资料,并提供必要的背景材料;提纲后面要留有足够的空白,供专家阐明个人意见和理由。

③选择预测人选。这是德尔菲法成败的关键。一般选择与预测问题有关的各领域、具有数年以上专业工作经验、熟悉业务、有预见性和分析能力、有一定声望的人士,同时还要聘请边缘学科和其他专业的专家,这样可以开阔思路,提高预测质量。专家预测的人选还可以是全国各地甚至是世界各地的有关人士,这就避免了用座谈会方式使参加人员受地区限制的弊端,从而可能得到在部分地区不易得到的一些宝贵意见,并提高预测的准确性和权威性。

④反复征询意见。一般要经过三轮反复征询。第一轮是提出预测,逐步征询。即将调查提纲及有关背景材料寄给已选定的专家,请他们在规定的时间内按调查表的要求提出自己的预测意见,填好后寄回,目的是广泛征集对预测问题的预测意见及进一步预测时需要的资料。第二轮是修改预测,说明理由。即预测组织者将第一轮征集到的各种意见进行综合整理,列出新的调查提纲,把不同意见都写上去,但不说明是谁提出的,再次把调查表寄给参加预测的专家,征求他们新的预测意见,并要求说明预测的根据和理由,以利于其他参加预测者在下一轮中考虑,达到相互交流与启发的目的。填好后寄回。第三轮是最后预测,补充理由。即预测组织者把第二轮预测意见汇总整理后,拟成第三轮征

询调查表,把不同意见写上并附上理由和根据,寄给专家们,要求各位专家看完别人的意见和理由后,再重新考虑自己的预测意见,做出判断,提出自己的最后预测意见及根据,填表寄回。

⑤整理调查结果,提出预测报告。在征询结束后,必须对最后一轮征询意见进行整理和评价,将取得一致意见的事件写成一份公认的预测报告(包括未来事件的名称、实现时间、数量及概率等)。

(2)德尔菲法的特点。

①匿名性。它采用调查表,并以通信的方式征集专家意见,这样可以避免当面商谈或署名探讨问题时可能受到的社会、心理方面有意或无意的干扰,较易得到比较实事求是的科学意见。

②反馈性。为了使参加预测的专家掌握每轮预测的汇总结果和其他专家提出意见的论证,专门小组会对每一轮的预测结果做出统计,并作为反馈材料发给每位专家,供下一轮预测时参考。

③收敛性。通过多次征询意见,专家们的意见一轮比一轮更趋向一致。

(3)预测结果的处理。

技术预测常采用中位数法,经济预测常采用主观概率法。

①中位数法。中位数法是将专家预测结果从小到大依次排列,然后把数列二等分,则中分点值称为中位数,表示预测结果的分布中心,即预测的较可能值。为了反映专家意见的离散程度,可以在中位数法前后二等分中各自再进行二等分,先于中位数的中分点值称为下四分位数,后于中位数的中分点值称为上四分位数。用上下四分位数之间的区间来表示专家意见的离散程度,也可称为预测区间。

②主观概率法。主观概率法是在调查个人判断能力、信念程度的基础上,寻求对未来世界最佳主观估计的一种有效方法。主观概率是某人对某一事件可能发生的程度的一种主观估量,要求专家不仅要有估量(概率),还要说明根据。对同一事件在相同情

况下的预测,不同专家可能提出不同的数量估计和实现概率,甚至对于成功和失败的机会持完全相反的意见,正是因为存在着不同的个人估计,所以才有寻求合理或最佳估计量的必要。在处理中,一般也是取预测结果的分布中心作为预测结论。

例如,要预测某一事件发生可能性的大小,可以调查一组专家的预测概率,然后相加求平均值,得出某事件的预测概率,即

$$P = \frac{\sum_{i=1}^{n} P_i}{n}$$

式中,P 为事件预测概率平均值,P_i 为每一位专家主观预测概率,n 为专家人数。

3)交叉概率法

交叉概率(相互影响分析)法是 1968 年由海沃德(Hayward)和戈尔登(T. J. Cordon)首次提出的,是对在交互影响因素作用下的事物进行预测的一种定性预测技术。

交叉概率法的基本思想是,很多事件的发生或发展对其他事件将产生各种各样的影响,根据各事件之间的相互影响研究事件发生的概率,并用于修正专家的主观概率,从而对事物的发展做出较客观的评价。

交叉概率法用于确定一系列事件 $E_i (i=1,2,\cdots,n)$ 之间的相互关系。若其中的一个事件 $E_m (1 \leqslant m \leqslant n)$ 发生,即发生概率 $P_m=1$ 时,求 E_m 对于其余事件 $E_i (i=1,2,\cdots,n; i \neq m)$ 的影响,也就是求 $P_i (i=1,2,\cdots,n; i \neq m)$ 的变化,其中包括有无影响、正影响还是负影响以及影响的程度。该方法的步骤为:

(1)确定各事件之间的影响关系;

(2)确定各事件之间的影响程度;

(3)计算某事件发生时对其他事件发生概率的影响;

(4)分析其他事件对该事件的影响;

(5)确定修正后的主观概率。

4)类推法

类推法是利用经济指标之间存在的相似发展规律,通过找出

先导事件来进行预测迟发事件。类推法不要求先导事件与预测对象之间存在必然联系,只要两者具有相同或相似的发展规律,就可采用类推法进行预测。

使用类推法进行预测的步骤如下:

(1)选择先导事件。例如,需要预测事件 B,可选择另一事件 A,要求事件 A 与事件 B 具有相同或相似的发展规律,事件 A 的发展规律已知并领先于事件 B。通常称事件 B 为迟发事件,事件 A 为先导事件。

(2)依据时间序列统计分析先导事件的数据,找出先导事件的发展规律、关键特征,并绘制发展趋势图。

(3)分析先导事件与迟发事件发展规律的相似程度,判断是否可以进行类推预测,若差异显著则必须重新选择先导事件。

(4)根据先导事件的发展规律,类推迟发事件的未来情形。

类推法预测的关键是选择先导事件,不同类型的预测目标应使用不同类型的先导模型,常见的先导模型主要有以下三种:

(1)历史上发生过的同类事件。例如,用蒸汽机车类推内燃机车的演变过程时,蒸汽机车就是历史上已经发生过的事件,即先导事件。

(2)国外或外地发生过的同类事件。例如,用国外小轿车的发展速度类推我国小轿车未来的发展时,国外小轿车的发展规律就是先导事件。

(3)其他领域内发生过的同类事件。例如,用已在航空航天工业领域中应用的新技术类推在汽车工业等其他领域中应用新技术时,新技术在航空航天领域的应用就是先导事件。

3. 回归分析预测方法

回归分析根据自变量的个数通常分为一元回归和多元回归,根据变量之间的相互关系又可分为线性回归和非线性回归。本节主要介绍多元线性回归,非线性回归一般可以转化成线性回归来进行分析。

1)线性回归模型

(1)一元线性回归模型。一元线性回归预测的表达式是一元线性方程

$$y = a + bx$$

如果已知 n 组样本数据为 $(x_1, y_1), (x_2, y_2), \cdots, (x_n, y_n)$,则应满足:

$$y_i = a + bx_i + \varepsilon_i (i = 1, 2, \cdots, n) \tag{2-1}$$

若假设 ε_i 服从同一正态分布 $N(0, \sigma)$,且 ε_i 相互独立,那么由式(2-1)就可以利用最小二乘法估计出参数 a、b 的值 $\hat{a}$、$\hat{b}$,则一元回归预测模型可表示为

$$\hat{y} = \hat{a} + \hat{b}x$$

或简写为

$$\hat{y} = a + bx$$

(2)多元线性回归模型。设复杂系统变量 y 与 k 个自变量 $x_1, x_2, \cdots, x_k$ 之间存在统计关系,且可表示为

$$y = a_1 x_1 + a_2 x_2 + \cdots + a_k x_k$$

若给定 n 组样本数据点,即 $(y_1, x_{11}, x_{21}, \cdots, x_{k1}), (y_2, x_{12}, x_{22}, \cdots, x_{k2}), (y_n, x_{1n}, x_{2n}, \cdots, x_{kn})$,则其满足:

$$y_i = a_0 + a_1 x_{1i} + a_2 x_{2i} + \cdots + a_k x_{ki} + \varepsilon_i (i = 1, 2, \cdots, n) \tag{2-2}$$

设 $\varepsilon_i \sim N(0, \sigma)(i = 1, 2, \cdots, n)$,那么可由最小二乘法获得多元线性回归模型为

$$\hat{y} = a_0 + a_1 x_1 + a_2 x_2 + \cdots + a_k x_k \tag{2-3}$$

2)线性回归模型的参数估计

下面以多元线性回归模型来讨论其参数估计。若假设式(2-2)的 ε_i 服从同一分布 $N(0, \sigma)$,且相互独立,那么其 $k+1$ 个参数 $a_j (j = 0, 1, \cdots, k)$ 可以利用最小二乘法进行估计。设

$$A = \begin{bmatrix} a_0 \\ a_1 \\ \vdots \\ a_k \end{bmatrix}, Y = \begin{bmatrix} y_1 \\ y_2 \\ \vdots \\ y_n \end{bmatrix}, \Sigma = \begin{bmatrix} \varepsilon_1 \\ \varepsilon_2 \\ \vdots \\ \varepsilon_n \end{bmatrix}, X = \begin{bmatrix} 1 & x_{11} & x_{21} & \cdots & x_{k1} \\ 1 & x_{12} & x_{22} & \cdots & x_{k2} \\ \vdots & \vdots & \vdots & & \vdots \\ 1 & x_{1n} & x_{2n} & \cdots & x_{kn} \end{bmatrix}$$

于是,式(2-2)可表示成

$$Y = XA + \Sigma$$

其中,A 为待估计参数向量。定义性能指标为估计的误差平方和:

$$Q = \sum_{i=1}^{n} (y_i - \hat{y}_i)^2 = \|Y - \hat{Y}\|^2$$

其中,$\hat{Y}$ 为拟合值向量,$\hat{Y} = XA$。

因此 $Q = (Y - XA)^{\mathrm{T}}(Y - XA)$,由 $\dfrac{\partial Q}{\partial A} = 0$ 得

$$-2X^{\mathrm{T}}Y + 2X^{\mathrm{T}}XA = 0$$

所以,在 $X^{\mathrm{T}}X$ 可逆的情况下,即有

$$A = (X^{\mathrm{T}}X)^{-1}(X^{\mathrm{T}}Y)^{-1} \tag{2-4}$$

通常记 $R = X^{\mathrm{T}}X$,称为系数矩阵,它是一对称矩阵。

由式(2-4)可知,要由 n 个样本点数据估计出 $k+1$ 个回归系数,那么只要 $R = X^{\mathrm{T}}$ 非奇异,就可以方便地由式(2-4)完成,而且可用标准的算法在计算机上实现。

此外,若将式(2-3)直接代入性能指标,得

$$Q = \sum_{i=1}^{n} (y_i - \hat{y}_i)^2 = \sum_{i=1}^{n} (y_i - a_0 - a_1 x_{1i} - \cdots - a_k x_{ki})^2$$

同样,欲估计参数 $a_1, a_2, \cdots, a_k$,应满足条件:

$$\begin{cases} \dfrac{\partial Q}{\partial a_0} = -2 \sum_{i=1}^{n} (y_i - a_0 - a_1 x_{1i} - \cdots - a_k x_{ki}) = 0 \\[2mm] \dfrac{\partial Q}{\partial a_1} = -2 \sum_{i=1}^{n} x_{1i}(y_i - a_0 - a_1 x_{1i} - \cdots - a_k x_{ki}) = 0 \\[2mm] \vdots \\[2mm] \dfrac{\partial Q}{\partial a_k} = -2 \sum_{i=1}^{n} x_{zi}(y_i - a_0 - a_1 x_{1i} - \cdots - a_k x_{ki}) = 0 \end{cases}$$

$$\tag{2-5}$$

整理式(2-5)即可得便于手工操作的低阶$(k \leqslant 3)$回归方法

$$\begin{cases} na_0 + a_1 \sum x_{1i} + a_2 \sum x_{2i} + \cdots + a_k \sum x_{ki} = \sum y_i \\ a_0 \sum x_{1i} + a_1 \sum x_{1i}^2 + a_2 \sum x_{1i}x_{2i} + \cdots + a_k \sum x_{1i}x_{ki} = \sum x_{1i}y_i \\ \vdots \\ a_0 \sum x_{ki} + a_1 \sum x_{ki}x_{1i} + a_2 \sum x_{ki}x_{2i} + \cdots + a_k \sum x_{ki}^2 = \sum x_{ki}y_i \end{cases}$$

$$(2\text{-}6)$$

$$\left(\text{式中} \sum \text{均表示} \sum_{i=1}^{n}\right)$$

解式(2-6)方程组,就可以得到 $a_1, a_2, \cdots, a_k$ 的估计值。

3)线性回归模型的统计特征

(1)回归系数的统计性质。

①最小二乘法估计 $\hat{A}$ 是 A 的无偏估计。这一点可由下式看出:

$$\begin{aligned} E(\hat{A}) &= E[(\boldsymbol{X}^{\mathrm{T}}\boldsymbol{X})^{-1}\boldsymbol{X}^{\mathrm{T}}\boldsymbol{Y}] = (\boldsymbol{X}^{\mathrm{T}}\boldsymbol{X})^{-1}\boldsymbol{X}^{\mathrm{T}}E(\boldsymbol{Y}) \\ &= (\boldsymbol{X}^{\mathrm{T}}\boldsymbol{X})^{-1}\boldsymbol{X}^{\mathrm{T}}[\boldsymbol{X}\boldsymbol{A} + E(\boldsymbol{\Sigma})] \\ &= (\boldsymbol{X}^{\mathrm{T}}\boldsymbol{X})^{-1}\boldsymbol{X}^{\mathrm{T}}\boldsymbol{X}\boldsymbol{A} = \boldsymbol{A} \end{aligned}$$

因为 $\boldsymbol{\Sigma} = (\varepsilon_1, \varepsilon_2, \cdots, \varepsilon_n)^{\mathrm{T}}$, $\varepsilon_i \sim N(0, \sigma)(i = 1, 2, \cdots, n)$, 所以 $E(\boldsymbol{\Sigma}) = (0, 0, \cdots, 0)^{\mathrm{T}}$。

②估计系数向量 $\hat{\boldsymbol{A}}$ 的协方差矩阵为 $\sigma^2 R^{-1}$。因为

$$\begin{aligned} &E\{[\hat{\boldsymbol{A}} - E(\hat{\boldsymbol{A}})][\hat{\boldsymbol{A}} - E(\hat{\boldsymbol{A}})]^{\mathrm{T}}\} \\ &= E\{[(\boldsymbol{X}^{\mathrm{T}}\boldsymbol{X})^{-1}\boldsymbol{X}^{\mathrm{T}}\boldsymbol{Y} - E((\boldsymbol{X}^{\mathrm{T}}\boldsymbol{X})^{-1})(\boldsymbol{X}^{\mathrm{T}}\boldsymbol{Y}))] \\ &\quad [(\boldsymbol{X}^{\mathrm{T}}\boldsymbol{X})^{-1}\boldsymbol{X}^{\mathrm{T}}\boldsymbol{Y} - E((\boldsymbol{X}^{\mathrm{T}}\boldsymbol{X})^{-1})(\boldsymbol{X}^{\mathrm{T}}\boldsymbol{Y}))]^{\mathrm{T}}\} \\ &= [(\boldsymbol{X}^{\mathrm{T}}\boldsymbol{X})^{-1}\boldsymbol{X}^{\mathrm{T}}][(\boldsymbol{X}^{\mathrm{T}}\boldsymbol{X})^{-1}\boldsymbol{X}^{\mathrm{T}}]^{\mathrm{T}} E\{[\boldsymbol{Y} - E(\boldsymbol{Y})][\boldsymbol{Y} - E(\boldsymbol{Y})]^{\mathrm{T}}\} \\ &= (\boldsymbol{X}^{\mathrm{T}}\boldsymbol{X})^{-1} E\{\boldsymbol{\Sigma}\boldsymbol{\Sigma}^{\mathrm{T}}\} \end{aligned}$$

由于 $(\boldsymbol{X}^{\mathrm{T}}\boldsymbol{X}) = \boldsymbol{R}$, $E\{\varepsilon_i\varepsilon_j\} = \begin{cases} 0, & (i \neq j) \\ \sigma^2, & (i = j) \end{cases}$, 因此 $E\{\boldsymbol{\Sigma}\boldsymbol{\Sigma}^{\mathrm{T}}\} = \sigma^2 I$, I 为单位阵,所以

$$E\{[\hat{A}-E(\hat{A})][\hat{A}-E(\hat{A})]^T\}$$

$$=\begin{bmatrix} D(\hat{a}_0) & \mathrm{cov}(\hat{a}_0,\hat{a}_1) & \cdots & \mathrm{cov}(\hat{a}_0,\hat{a}_k) \\ \mathrm{cov}(\hat{a}_0,\hat{a}_1) & D(\hat{a}_1) & \cdots & \mathrm{cov}(\hat{a}_1,\hat{a}_k) \\ \vdots & \vdots & & \vdots \\ \mathrm{cov}(\hat{a}_k,\hat{a}_0) & \mathrm{cov}(\hat{a}_k,\hat{a}_1) & \cdots & D(\hat{a}_k) \end{bmatrix}$$

$$=\sigma^2 R^{-1}$$

(2)相关系数。为方便以下讨论,现特定义回归平方和 $S_回$、剩余平方和 $S_剩$ 及总平方和 $S_总$,见表 2-3。

表 2-3 $S_回$、$S_剩$ 和 $S_总$ 的定义

平方和	定义	自由度
$S_回$	$\sum_{i=1}^{n}(\hat{y}_t-\bar{y})^2$	k
$S_剩$	$\sum_{i=1}^{n}(y_i-\hat{y}_i)^2$	$n-k-1$
$S_总$	$S_回+S_剩=\sum_{i=1}^{n}(y_i-\bar{y})^2$	$n-1$

①复相关系数 r。定义为

$$r=\sqrt{\frac{S_回}{S_总}}=\sqrt{1-\frac{S_剩}{S_总}}=\sqrt{\frac{\sum_{i=1}^{n}(\hat{y}_i-\bar{y})^2}{\sum_{i=1}^{n}(y_i-\bar{y})^2}} \tag{2-7}$$

它表示因变量 y 对 k 个自变量 $x_1,x_2,\cdots,x_k$ 的整体线性相关程度。r 有时简称为相关系数。

②单相关系数(一元相关系数)。y 对自变量 x_j 的单相关系数 $r_{y,j}$ 是不计其余自变量的影响,y 对 x_j 进行一元回归的相关系数:

$$r_{y,j}=\sqrt{1-\frac{1-S_乘(y,j)}{S_总}}=\frac{\sum_i(x_{ji}-\bar{x}_j)(y_i-\bar{y})}{\sqrt{\sum_i(x_{ji}-\bar{x}_j)^2\sum_i(y_i-\bar{y})^2}} \tag{2-8}$$

③偏相关系数。在多元回归分析中,可以定义各个自变量对

因变量的影响程度,即偏相关系数,来筛选出对因变量影响最大的自变量作为回归自变量。在计算某一自变量 x_j 对 y 的偏相关系数时,将把其他自变量 $x_i(i=1,2,\cdots,n,$ 且 $i\neq j)$ 作为常量处理,并设法考虑它们对 y 的影响。x_j 对 y 的偏相关系数 $R_{y,j}$ 定义如下

$$R_{y,j}=\sqrt{1-\frac{S_{剩}}{S'_{剩}}} \tag{2-9}$$

式(2-9)中,$S'_{剩}$ 表示 y 只对 $x_i(i=1,2,\cdots,n,$ 且 $i\neq j)$ 进行回归的剩余平方和,式(2-9)中 $S_{剩}/S'_{剩}$ 表示了在 $x_i(i=1,2,\cdots,n,$ 且 $i\neq j)$ 基础上,再加上 x_j 作自变量来进行回归时,能为因变量 y 额外提供信息的程度。显然,偏相关系数 $R_{y,j}$ 越大(越接近 1),表示自变量 x_j 对因变量 y 的作用越大,越不可忽视。

4)相关系数与相关关系

回归模型的相关系数的数值可由式(2-7)～式(2-9)确定,而其符号(除 r 外)则应与相应的参数 a_j 的符号一致。这样 $r_{y,j}$ 及 $R_{y,j}$ 的取值范围为

$$-1\leqslant r_{y,j}\leqslant 1 \quad 或 \quad -1\leqslant R_{y,j}\leqslant 1$$

下面以一元回归模型说明 r、$r_{y,j}$ 或 $R_{y,j}$ 取值与 x_j 同 y 的相关关系之间的联系。

(1)当 $|r|=1$ 时,样本点完全落在回归直线上,则 y 与 x 有完全的线性关系,且 $r=1$ 时,表示 y 与 x 正的完全线性相关,为 $r=-1$ 时,表示 y 与 x 负的完全线性相关,如图 2-16a、图 2-16b 所示。

(2)当 $0<r<1$ 时,表示 y 与 x 有一定的正线性相关关系,即 y 随 x 的增加而成比例倍数增加,如图 2-16c 所示。

(3)当 $-1<r<0$ 时,表示 y 与 x 有一定的负线性相关关系,即 y 随 x 的增加而成比例倍数减少,如图 2-16d 所示。

(4)当 $r=0$ 时,则说明 y 与 x 之间不存在线性相关关系,或者是二者之间确实没关系,或者是二者之间不存在线性关系,但可能存在其他关系,如图 2-16e、图 2-16f 所示。

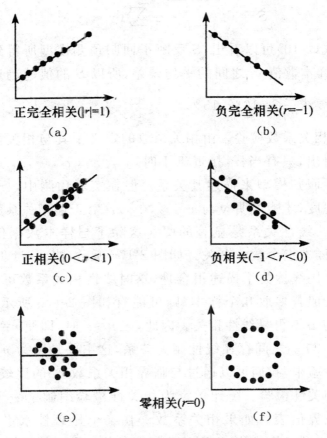

图 2-16　相关系数与相关关系

5)回归模型的统计检验

对于利用最小二乘法建立起来的线性回归模型,在用于实际预测之前,必须对事先的一些假设,如线性假设、残差的独立性假设,以及模型的相关程度和对实际数据的拟合程度等方面进行数理统计意义上的检验,以证实模型是否可用于实际预测。常用的统计检验有标准离差(S)检验、相关系数(r)检验、显著性(F,t)检验和随机性(DW)检验。

(1)标准离差检验。标准离差用来检验回归预测模型的精度,其计算式为

$$S = \sqrt{\frac{1}{n-R-1}\sum(y_i - \hat{y}_i)^2} \qquad (2\text{-}10)$$

从式(2-10)可以看出，S 反映了回归预测模型所得到的估计值 $\hat{y}_i$ 与样本数值 y_i 之间的平均误差，所以 S 的值越趋近于零越好，一般要求 $\frac{S}{y} \in (10\%, 15\%)$。

（2）相关系数检验。由相关系数的定义及其与相关关系的讨论可以看出，只有当 $|r|$ 接近于 1 时，y 与 $x_1, x_2, \cdots, x_k$ 点之间才能用线性回归模型来描述其关系。但在实际预测中，$|r|$ 应该大到什么程度，才能说明 y 与 $x_1, x_2, \cdots, x_k$（对于偏相关系数为 y 与 x_j）之间的线性关系是显著的呢？这除了与样本数据值有关以外，还与样本点个数 n 有关。如图 2-17a 所示，当 $n=4$ 时，y 与 x 之间似乎用线性关系描述很合理，这时线性相关系数可能大到 $r=0.90$。但若多取几个样本，则可能有如图 2-17b 所示的情形，这时 y 与 x 不再是线性相关。因此，在 $n=4$ 时，即使 $r=0.90$，也不能说 x 与 y 之间存在线性相关关系，这主要是因为 n 太小了。在实际检验中，我们可以通过与临界相关系数 r_a 的比较来判断，这就是相关性检验。统计学家为相关性检验编制了一个相关系数检验临界值表。如果相关系数 r 在某个显著性水平（一般取0.05）下超过了临界值 r_a，则认为 r 在显著性水平 a 下同 0 显著不同，否则就认为 r 同 0 无显著差异，说明 y 与 $x_1, x_2, \cdots, x_k$ 无线性相关，检测不能通过。

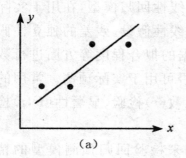
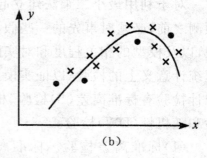

(a)   (b)

图 2-17　相关性

（3）回归方程的显著性检验（F 检验）。假设 $a_i = 0$ $(i=0,1,2,\cdots,k)$，则须在一定显著性水平下检验此假设是否成立。若成立，则说明 y 与 $x_i(i=1,2,\cdots,k)$ 的统计关系不显著，用式(2-3)描述 y 与 $x_i(i=1,2,\cdots,k)$ 之间的关系是没有意义的；反之，则否定此假设，说明在显著性水平下，y 与 $x_i(i=1,2,\cdots,k)$ 之间的关系可用式(2-3)描述。

因为

$$\frac{S_{回}}{\sigma^2} \sim \chi^2(k)$$

$$\frac{S_{剩}}{\sigma^2} \sim \chi^2(n-k-1)$$

且 $S_{回}$ 与 $S_{剩}$ 相互独立，则构造统计量 F

$$F=\frac{S_{回}/k}{S_{剩}/(n-k-1)} \sim F(k,n-k-1)$$

则当

$$F > F_a(k,n-k-1)$$

时，否定假设，认为在显著性水平 a 下，回归模型式(2-3)有意义，检验通过；否则，接受假设，式(2-3)无意义，检验不能通过。

（4）回归系数的显著性检验（t 检验）。回归方程的显著性检验是对方程总体的检验，并不能说明每个自变量 x_i 和 y 的相关关系都是显著的。为此，还需对 y 与各个因变量分别进行显著性检验。

假设　　　　　　$H_0: a_j = 0 \; j \in \{0,1,\cdots,k\}$

因为

$$E(\hat{a}_j) = a_j$$
$$D(\hat{a}_j) = c_{ij}\sigma^2$$

则

$$\frac{\hat{a}_j - a_j}{c_{jj}\sigma^2} \sim N(0,1)$$

于是有

$$t=\frac{(\hat{a}_j - a_j)/\sqrt{c_{jj}}}{\sqrt{S_{剩}/(n-k-1)}} \sim t(n-k-1)$$

因假设

$$a_j = 0$$

所以有

$$t = \frac{\hat{a}_j / \sqrt{c_{jj}}}{\sqrt{S_{剩} / (n-k-1)}} = \frac{\hat{a}_j}{\hat{\sigma} \sqrt{c_{jj}}}$$

只有当

$$t = \frac{\hat{a}_j}{\hat{\sigma} \sqrt{c_{jj}}} > t_a (n-k-1)$$

时,否定假设,即承认 x_j 对 y 有显著影响,否则,接受假设。x_j 对 y 的影响不显著,且可以考虑从回归方程中将其剔除,得到新的回归模型

$$\hat{y} = a_0^* + a_1^* x_1 + \cdots + a_{j-1}^* x_{j-1} + a_{j+1}^* x_{j+1} + \cdots + a_k^* x_x$$

$$(2\text{-}11)$$

且式(2-11)中的系数与式(2-3)中的系数存在下面的关系

$$a_i^* = a_i - \frac{c_{ji}}{c_{jj}} a_j \quad (j \neq i)$$

这里 x_j 是剔除的变量,a_i、a_j 是式(2-3)中对应于 x_i 和 x_j 的系数 (注意:$\boldsymbol{R} = \boldsymbol{X}^{\mathrm{T}} \boldsymbol{X}, \boldsymbol{C} = [c_{ij}] = \boldsymbol{R}^{-1}, \sigma$ 可用 $\sqrt{\dfrac{S_{剩}}{n-R-1}}$ 近似)。

(5)剩余项(残差)的自相关检验(DW 检验)。在本节利用最小二乘法对回归参数进行估计时,我们曾假定拟合误差 ε_i 之间是相互独立的,然而,现实问题不一定能满足这个条件。如果 ε_i 是相关的,即存在序列相关,则当采用最小二乘法建立回归预测模型时,将会使 $a_i (i=0, 1, 2, \cdots, k)$ 的估计不再具有最小方差,即不再是有效的估计量,这将使复杂系统检验功能减小,置信区间过宽,使预测失效。因此,必须对回归预测模型进行序列相关检验,以保证预测结果的有效性。

相关性检验方法首先由 Durbin 和 Watson 提出,故又称 DW 检验。其方法是:首先构造 DW 统计量:

$$DW = \frac{\sum\limits_{i=2}^{n}(\varepsilon_i - \varepsilon_{i-1})^2}{\sum\limits_{i=2}^{n}\varepsilon_i^2}$$

其次,拟定显著性水平 a,查 DW 检验表,得到样本数为 n,自变量个数为 k 时的临界值 d_u、d_l。由于 DW 数值在 $0\sim4$,于是可根据表 2-4 规则进行 ε_i 的相关性判别。

表 2-4 DW 检验规则

DW 值	检验结论
$0<DW\leqslant d_l$	ε_i 存在正自相关
$d_l\leqslant DW\leqslant d_u$	不能确定 ε_i 是否存在自相关
$d_u\leqslant DW\leqslant 4-d_u$	ε_i 无自相关
$4-d_u<DW<4-d_l$	不能确定 ε_i 是否存在自相关
$4-d_l<DW<4$	ε_i 存在负自相关

显然,DW 值等于 2 时最好。根据经验,若 DW 值在 $1.5\sim2.5$,一般可表示无明显的自相关问题。如果检验结果表明 ε_i 之间存在自相关,那么需要通过数据变换来消除它。

(6)预测区间的确定。经过以上检验并通过后,回归模型可用于预测。但是,由于回归预测模型是经数理统计方法得到的,有一定误差,因而会使得预测结果也有一定的误差,亦即预测结果有一定的波动范围,这个范围就是预测置信区间。其确定方法如下:

根据正态分布理论,当置信度为 95% 时,预测区间为

上限 $\hat{y}_H = \hat{y}_0 + 2S$

下限 $\hat{y}_L = \hat{y}_0 - 2S$ (2-12)

式(2-12)中,S 为标准离差,$\hat{y}_0$ 为对于某组自变量取值为 x_{10},x_{20},$\cdots$,x_{k0} 时的预测值。于是,预测区间可表示为 $(\hat{y}_L,\hat{y}_H)$。

【例 2-3】 某企业固定资产 x_1、职工人数 x_2 和利润总额 y 的统计数据如表 2-5 中的前 3 列所示。试建立以 x_1、x_2 为自变量的

利润回归预测模型。

表 2-5 某企业固定资产、职工人数和利润总额的统计数据

年份	y_i	x_1	x_2	x_{1i}^2	x_{2i}^2	$x_{1i}x_{2i}$	$x_{1i}y_i$	$x_{2i}y_i$	y_i^2
2007	233	250	161	62 500	25 921	40 250	58 250	37 513	54 289
2008	238	257	163	66 049	26 559	41 891	61 166	38 794	56 644
2009	261	271	167	73 441	27 889	45 257	70 731	43 587	68 121
2010	264	290	169	84 100	28 561	19 010	76 560	44 610	69 696
2011	270	300	171	90 000	29 241	51 300	81 000	46 170	72 900
2012	273	296	176	87 616	30 976	52 096	80 808	48 048	74 529
2013	285	311	180	96 721	32 400	55 980	88 635	51 300	81 225
2014	298	320	181	102 400	32 761	57 920	95 360	53 938	88 804
2015	304	325	185	105 625	34 225	60 125	988 800	56 240	92 416
2016	315	338	187	114 244	34 969	63 206	106 470	58 905	99 225
$\sum$	2741	2958	1740	882 696	303 512	517 035	817 780	479 111	757 849

解 采用手工方法，先计算有关项，如表 2-5 所示。于是有

$$\bar{x}_1 = 295.8, \bar{x}_2 = 174, \bar{y} = 274.1$$

现设待建的回归预测模型为

$$\hat{y} = a_0 + a_1 x_1 + a_2 x_2$$

那么，有

$$\boldsymbol{R} = \boldsymbol{X}^{\mathrm{T}}\boldsymbol{X} = \begin{bmatrix} n & \sum x_{1i} & \sum x_{2i} \\ \sum x_{1i} & \sum x_{1i}^2 & \sum x_{1i}x_{2i} \\ \sum x_{2i} & \sum x_{1i}x_{2i} & \sum x_{2i}^2 \end{bmatrix}$$

$$= \begin{bmatrix} 10 & 2958 & 1740 \\ 1958 & 882 696 & 517 035 \\ 1740 & 517 035 & 303 512 \end{bmatrix}$$

而

$$\boldsymbol{C} = \boldsymbol{R}^{-1} = \begin{bmatrix} 185.0231 & 0.5873 & -2.0611 \\ 0.5873 & 0.0024 & -0.0074 \\ -2.0611 & -0.0074 & 0.0245 \end{bmatrix}$$

又

$$\boldsymbol{X}^{\mathrm{T}}\boldsymbol{Y} = \begin{bmatrix} \sum x_{yi} \\ \sum x_{1i}y_i \\ \sum x_{2i}y_i \end{bmatrix} = \begin{bmatrix} 2741 \\ 817\ 780 \\ 479\ 111 \end{bmatrix}$$

于是

$$\boldsymbol{A} = \begin{bmatrix} a_0 \\ a_1 \\ a_2 \end{bmatrix} = (\boldsymbol{X}^{\mathrm{T}}\boldsymbol{X})^{-1}\boldsymbol{X}^{\mathrm{T}}\boldsymbol{Y}$$

$$= \begin{bmatrix} 185.0231 & 0.5873 & -2.0611 \\ 0.5873 & 0.0024 & -0.0074 \\ -2.0611 & -0.0074 & 0.0245 \end{bmatrix} \begin{bmatrix} 2741 \\ 817\ 780 \\ 479\ 111 \end{bmatrix}$$

$$= \begin{bmatrix} -106.7218 \\ 0.498\ 921 \\ 1.340\ 47 \end{bmatrix}$$

求得预测模型为

$$\hat{y} = -106.7218 + 0.498\ 921x_1 + 1.340\ 47x_2$$

下面对上述模型进行统计检验。先计算有关平方和如下：

$$S_{回} = \sum_{i=1}^{n}(\hat{y}_i - \bar{y})^2 = 6407.0833$$

$$S_{利} = \sum_{i=1}^{n}(y_i - \hat{y}_i)^2 = \sum_{i=1}^{n}\varepsilon_i^2 = 134.1445$$

$$S_{总} = S_{回} + S_{利} = \sum_{i=1}^{n}(y_i - \hat{y}_i)^2 = 6541.2278$$

其中，$\bar{y} = 274.1$。

①标准离差检验：

$$S = \sqrt{\frac{1}{n-k-1}\sum(y_1-\hat{y}_i)^2} = \sqrt{\frac{1}{n-k-1}S_{剩}} \approx 4.3411$$

且

$$\frac{S}{\hat{y}} = \frac{4.34}{274.1} \approx 0.158 < 10\%$$

检验通过。

②相关系数检验：

$$r = \sqrt{\frac{S_{回}}{S_{总}}} = \sqrt{\frac{6407.0833}{6541.2273}} \approx 0.9897$$

又取 $a = 0.05$，查相关系数表（$n=10,k=2$）得 $r_a = 0.758$，$r > r_a$，检验通过。

③F 检验：

$$F = \frac{S_{回}/k}{S_{剩}/(n-k-1)} = \frac{6407.0833/2}{134.1442/(10-2-1)} = 167.17$$

取 $a = 0.05$，查 $F_a(k,n-k-1) = 4.74$，显然 $F > F_a$，检验通过。

④t 检验：

$$\sigma = \sqrt{\frac{S_{剩}}{n-k-1}} = \sqrt{\frac{134.1445}{10-2-1}} \approx 4.3776$$

所以

$$t_1 = \frac{\hat{a}_1}{\sigma\sqrt{c_{11}}} = \frac{0.498921}{4.3776 \times \sqrt{0.0024}} = 2.326$$

$$t_2 = \frac{\hat{a}_2}{\sigma\sqrt{c_{22}}} = \frac{1.34047}{4.3776 \times \sqrt{0.0245}} = 1.9256$$

取 $a = 0.10$，查表知 $t_a = 1.8795$，即有

$$t_1 > t_a, t_2 > t_a$$

在显著水平为 $a = 0.10$ 下，x_1、x_2 均对 y 有显著影响，检验通过。（注：如取 $a = 0.05$，则 $t_a = 2.365$，x_1、x_2 的显著性检验不能通过，需修正数据，或重新建立预测模型。）

⑤DW 检验：

$$\varepsilon_i = y_i - \hat{y}_i$$

那么

$$\sum \varepsilon_i^2 = S_{剩}$$

于是

$$DW = \sum_{i=2}^{10} (\varepsilon_i - \varepsilon_{i-1})^2 / S_{剩} \approx 1.9635$$

查 DW 检验表,并推算得 $d_u = 1.53, d_l = 0.75$,有

$$d_u < DW < 4 - d$$

故不存在序列相关,模型 DW 检验通过。

⑥预测区间：

取 $x_{10} = 350, x_{20} = 190$,代入模型得

$$\hat{y} = -106.7218 + 0.498921 \times 350 + 1.34047 \times 190 = 322.5899$$

于是,上限

$$\hat{y} + 2S = 331.272$$

下限

$$\hat{y} - 2S = 313.918$$

最后,本问题全部解答结论表示如下

$$\hat{y} = -106.7218 + 0.498\,921 x_1 + 1.340\,47 x_2$$

$$S = 4.3411, r = 0.9897, F = 167.17, DW = 1.9636$$

当 $x_1 = 350, x_2 = 190$ 时,95% 得置信区间为 $(313.98, 331.272)$。

2.6.2　复杂系统评价方法

所谓复杂系统评价,就是评定复杂系统的价值。但是,价值问题自人类文化产生以来,就在宗教、哲学、社会、经济等领域内引起人们的普遍关注和议论,至今还是一个没有完全解决的问题。譬如,"一杯水和一颗钻石哪个有价值",如果评价它们的人处于不同的环境,就会有完全不同的回答。

时钟的价值在于准确,对复杂系统的评价也要求准确,但是复杂系统评价受到人的主观因素的制约,受到评价者的教育背

景、所处的地位、价值观念等的影响,评价者对问题的看法不同,评价的结果也就不同,因此有必要学习一些复杂系统评价的专门知识。本节将重点介绍关于复杂系统评价的基本概念和几种常见的复杂系统评价方法。

1. 复杂系统评价概述

复杂系统评价是系统工程中的一个基本处理方法,也是复杂系统分析中的一个重要环节。复杂系统评价是根据预定的复杂系统目的,在复杂系统分析的基础上,就复杂系统设计所能满足需要的程度和占用的资源进行评审和选择,选择出技术上先进、经济上合理、实施上可行的最优或满意的方案。

1)复杂系统评价的概念

复杂系统评价就是根据确定的目的,利用最优化的结果和各种资料,用技术经济的观点对比各种替代方案,考虑成本与效果之间的关系,权衡各个方案的利弊得失,选择出技术上先进、经济上合理和现实中可行的、良好的或满意的方案。复杂系统评价是系统工程中一个极为重要的问题,是复杂系统决策的基础。

2)复杂系统评价的分类

按照不同的分类标准,可以将复杂系统评价划分为不同种类。下面分别按照评价内容、评价时间对其进行分类。

(1)按照评价内容对复杂系统评价进行分类。按照评价内容可以将复杂系统评价大致划分为经济评价、社会评价、技术评价、财务评价、可持续性评价和综合评价等。

①经济评价是评价各个方案对宏观经济产生的影响,主要利用影子价格、影子工资、影子汇率和社会折现率等指标测算方案给国民经济带来的净效益,从宏观经济角度评价方案的费用和效益。

②社会评价是从社会分配、社会福利、劳动就业、社会稳定等方面,评价方案实施以后带来的社会效益和产生的社会影响。

③技术评价是对方案在技术上的先进性、生产性、可靠性、维护性、通用性、安全性等方面做出评价。

④财务评价是根据现行的财税制度和市场价格,测算方案的费用和效益,评价方案在财务上的获利能力、清偿能力和外汇效果,分析方案在财务上的可行性。

⑤可持续性评价是对方案与人口增长、资源利用和环境保护等方面的协调适应做出分析,使方案实施和社会经济发展战略协调一致。

⑥综合评价是在经济、社会、技术、财务、可持续性等局部评价的基础上,根据复杂系统的总体目标,对方案的综合价值做出评价。

(2)按照评价时间对复杂系统评价进行分类。按照时间划分,可以将复杂系统评价分为事前评价、事中评价和事后评价。

①事前评价是指方案的预评价,通常称为可行性研究。例如,在制定新产品开发方案时所进行的评价,目的是及早沟通设计、制造、供销等部门的意见,并从复杂系统总体出发来研讨与方案有关的各种重要问题。

②事中评价是在方案实施过程中评价环境的重大变化。例如,政策变化、市场变化、竞争条件变化或评价要素估计偏差等,需要对方案做出评价,进行灵敏度分析,判断方案的满意性是否发生质的变化,以确定是继续实施方案、修改方案还是选择新的方案。

③事后评价是指方案实施以后,对照复杂系统目标和决策主体要求,评价实施结果与预期效果是否相一致,测定方案设计的合理性,实施计划安排是否周全,风险分析是否与实际情况相吻合,为进一步开发新方案提供依据。

另外,根据评价和决策之间的关系,可以将评价划分为决策前评价、决策中评价和决策后评价;根据评价复杂系统中的信息特征,可以将评价划分为基于数据的评价、基于模型的评价、基于专家知识的评价和基于数据、模型和专家知识的评价。

3)复杂系统评价的目标和步骤

（1）复杂系统评价的目标。复杂系统评价是方案选优和决策的基础，评价的好坏影响决策的正确性。评价的目标是为了决策，所以评价在决策中负有很重要的任务。一般来说有以下几个方面：

①复杂系统运行现状的评价。

②方案可能产生的后果和影响的评价。

③方案开始实施后的跟踪评价及决策完成后的回顾评价。

（2）复杂系统评价的步骤。复杂系统评价是一项复杂的系统工程，为了保证整个过程高效、有效地进行，往往遵循以下步骤（如图 2-18 所示）：

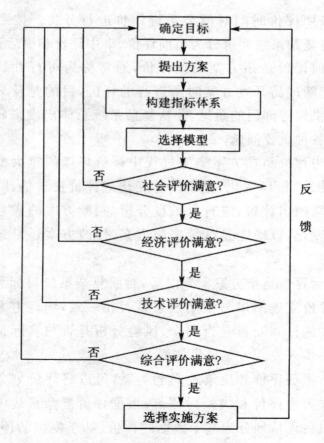

图 2-18　复杂系统评价的程序

①明确复杂系统目标。

②提出复杂系统方案。

③构建评价指标体系。

④选择评价模型。

⑤评价方法的确定。

在复杂系统评价过程中,首先要熟悉方案和确定方案指标。根据熟悉方案的情况,结合评价指标,应用适当的方法,先进行单项评价,再做综合评价,从而做出对方案优先顺序的结论。单项评价一般指技术评价、经济评价和社会评价。

4)复杂系统评价的内容

复杂系统评价的内容可用图 2-19 表示。

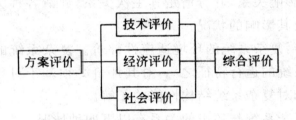

图 2-19 复杂系统评价的内容

对于综合评价,可按以下几个方面进行评价。

(1)复杂系统结构评价。复杂系统结构评价是最基本的评价,复杂系统结构评价可按以下三个方面进行。

①复杂系统结构分析。复杂系统结构分析的目的是要弄清和理顺复杂系统结构组成要素之间的关系,以便进行分析和评价。

②复杂系统标准结构。为了对复杂系统结构的合理性进行评价,必须有一个评判标准作为评价现实复杂系统的参照系,然后对现实复杂系统进行比较评价,从而得出复杂系统构成结构的优劣。然而在现实中一般不存在标准结构,我们常常根据某种理想结构作为标准结构,显然该结构并不能实现,但仍可作为我们评价复杂系统方案集内各方案结构优劣的标准。

③复杂系统结构稳定性评价。任何复杂系统都会受到来自环境的种种干扰,使复杂系统运行状态发生变化。在这种条件下,复杂系统要发挥功能必须保持良好的结构及稳定的运行状态,还必须具有抗干扰能力。复杂系统稳定性表示身体在其寿命期内可靠地完成应有功能的能力。

(2)"复杂系统-环境"影响评价。任何复杂系统的形式和运行都会受到其所处的环境的影响和制约。复杂系统本身条件的好坏、调控机制是否灵活,直接影响到复杂系统的适应能力和生存能力。因此,"复杂系统-环境"影响评价也涉及复杂系统结构的评价,可以与之结合进行,一般可分为两步。

第一步:"复杂系统-环境"影响的识别。找出所有"复杂系统-环境"影响关系,并分清楚其主次关系,弄清各种关系的轻重缓急程度及其影响的状况。

第二步:复杂系统的环境适应性评价。复杂系统的环境适应性是复杂系统的运行特征之一,对其评价必须基于对环境发展趋势的把握和对复杂系统结构性能的了解。

一般复杂系统与环境的关系有以下四种情况:

①复杂系统运行对环境具有改造性;

②复杂系统能适应环境的变化;

③复杂系统对环境起消极作用;

④复杂系统的运行不适应环境的变化,而且对环境起破坏作用。

(3)复杂系统"输入-输出-反馈"评价。复杂系统的输入和输出是复杂系统外部特征和基本表现,表示了复杂系统的转换机能。反馈是复杂系统调节机制灵敏性和有效性的表现。

①复杂系统的输入、输出指标评价。一般都是用输入与输出之间的比值来反映复杂系统的转换机能,即复杂系统的有效性。对复杂系统的动态性评价,可考虑进行复杂系统反馈性能评价。

②复杂系统反馈性能评价。反馈是复杂系统动态性能表现，它影响复杂系统的输入并通过复杂系统的转换机制影响复杂系统的输出。反馈机制不健全的复杂系统，由于外部环境的某种变化可能使复杂系统的运行状态变化甚至崩溃，而反馈机制健全的复杂系统有较强的自适应性和稳定性，从而保证整个复杂系统正常运行。

2. 网络分析法

1）概述

AHP(Analytic Hierarchy Process，AHP 意为层次分析法）是一种度量评价指标重要程度的一般理论。在层次结构中，它可以通过离散或者连续的程度比较得到指标的相对重要程度。这种比较可以建立在绝对测度的基础上，也可以建立在反映偏好、情感等的相对测度上。AHP 注重对一致性的判别，并且拟设同层指标间的相互独立性。目前，AHP 已经在多属性决策分析、计划制订、资源分配和冲突分析等领域得到了广泛应用。

事实上，许多复杂系统的评价问题不能构建成层次结构，因为它们的高层因素或底层因素间存在着关联和依赖关系。在这种情况下，不仅评价指标影响方案的选择，方案自身的重要程度也影响指标的重要程度。不仅如此，复杂系统评价问题的同层因素间也可能存在关联和依赖关系。为了解决这类复杂系统的评价问题，Saaty 提出了网络分析法（Anaiytic Network Process，ANP)。事实上，早在 20 世纪 80 年代，Saaty 就注意到复杂系统评价中下层因素对上层因素影响关系的存在性。为此，他在 AHP 的基础上提出了反馈 AHP，它是 ANP 的前身。10 年后，Saaty 提出了 ANP 的理论和方法。

和 AHP 类似，ANP 首先对复杂系统结构进行分析。和 AHP 不同的是，AHP 将复杂系统划分为递阶层次结构，而 ANP 将复杂系统元素划分为两大部分，即控制层和网络层。控制层的元素包含复杂系统目标和评价准则，而网络层的元素是由所有受控制层支配的元素组成。控制层中上层元素对下层元素有支配关系,而下层元素对上层元素没有影响。网络层元素间存在着相互影响关系。图 2-20 所示为一典型的 ANP 结构。需要注意的是,在图 2-20 中每个指标组中又含有若干个指标。

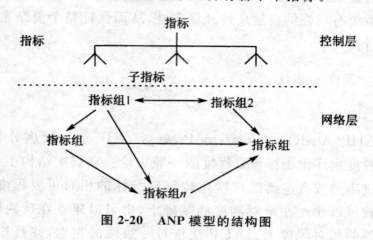

图 2-20   ANP 模型的结构图

2)元素重要程度判定

AHP 中通过元素两两比较得到判断矩阵,然后再依据判断矩阵得到各元素的重要程度,而在 ANP 中,由于网络层元素间存在相互影响关系,元素间的独立性被破坏,因而不能直接对元素进行两两比较。ANP 中元素重要程度的确定可以通过以下两种方式进行:

(1)直接重要程度。在一设定准则下,两元素对该准则的重要程度进行比较。

(2)间接重要程度。在一设定准则下,两元素对该准则下的第三个元素的影响程度进行比较。例如,比较 A、B 两人对上级营销能力的重要程度,可以通过他们对营销团队所取得的营销成果的影响力比较而得到。

直接重要程度适用于元素间相互独立的情形,而间接重要程度适用于元素间存在相互影响的情形。

由于 ANP 中控制层元素间相互独立,因此,控制层元素的重要程度可以通过直接重要程度判定得到;而网络层元素间存在相互依存关系,因此,网络层元素的重要程度可以通过间接重要程度判定得到。

3)超矩阵的构建

假设某复杂系统 ANP 结构的控制层元素为 $p_1, p_2, \cdots, p_m$;网络层元素组为 $C_1, C_2, \cdots, C_N$,其中,元素组 C_i 含有元素 $c_{i1}, c_{i2}, \cdots,$ c_{in_i}。对网络层元素重要程度的确定需要通过间接判定方法。首先以控制层 p_s 为准则,以元素组 C_j 中的元素 c_{jl} 为次准则,元素组 C_i 中元素按其对 c_{jl} 的影响力大小进行间接重要程度比较,得到判断矩阵:

c_{jl}	c_{i1} c_{i2} $\cdots c_{in_i}$	归一化特征向量
c_{i1}		w_{i1}^{jl}
c_{i2}		w_{i2}^{jl}
$\vdots$		$\vdots$
c_{in_i}		$w_{in_i}^{jl}$

依据判断矩阵,可由特征根法得到排序向量 $(w_{i1}^{jl}, \cdots, w_{in_i}^{jl})^\mathrm{T}$。

同理,可得元素组 C_i 在控制层 p_s 为准则和以元素组 C_j 中的其他元素为次准则下的判断矩阵,并得到对应的排序向量。将元素组 C_i 在控制层 p_s 为准则和以元素组 C_j 中的所有元素为次准则下得到的排序向量用矩阵表示得

$$W_{ij} = \begin{bmatrix} w_{i1}^{j1} & w_{i1}^{j2} & \cdots & w_{i1}^{jn_j} \\ w_{i2}^{j1} & w_{i2}^{j2} & \cdots & w_{i2}^{jn_j} \\ \vdots & \vdots & \cdots & \vdots \\ w_{in_i}^{j1} & w_{in_i}^{j2} & \cdots & w_{in_i}^{jn_j} \end{bmatrix}$$

其中,矩阵的第 k 列表示元素组 C_i 在控制层 p_s 为准则和以元素组 C_j 中的元素 c_{jk} 为次准则下得到的排序向量。

同理,以控制层 p_s 为准则,元素组 C_k 以元素组 C_j 中的元素为次准则下可以得到排序向量构成的矩阵为 W_{kj}。将控制层 p_s 下所有元素组的排序向量矩阵构建成超矩阵,得到超矩阵 W:

$$W = \begin{matrix} 1 \\ \vdots \\ n_1 \\ \\ 1 \\ \vdots \\ n_2 \\ \\ \vdots \\ \\ 1 \\ \vdots \\ n_N \end{matrix} \begin{bmatrix} W_{11} & W_{12} & \cdots & W_{1N} \\ \\ W_{21} & W_{22} & \cdots & W_{2N} \\ \\ \vdots & \vdots & \cdots & \vdots \\ \\ W_{N1} & W_{N2} & \cdots & W_{NN} \end{bmatrix}$$

由于控制层有 m 个元素,因此,超矩阵有 m 个,并且所有的超矩阵均为非负矩阵,每个超矩阵的子矩阵的列均为归一化,但整个超矩阵的列并不是归一化的。

4)加权超矩阵的构建

以控制层 p_s 为准则,以任一元素组 $C_j(j=1,2,\cdots,N)$ 为次准则,对各个元素组的重要程度进行比较得判断矩阵:

C_j	$C_1\ C_2 \cdots C_N$	归一化特征向量
C_1		a_{1j}
C_2		a_{2j}
$\vdots$		$\vdots$
C_N		a_{Nj}

由 $a_{ij}(i=1,2,\cdots,N;j=1,2,\cdots,N)$ 构成加权矩阵 A:

$$A = \begin{bmatrix} a_{11} & a_{12} & \cdots & a_{1N} \\ a_{21} & a_{22} & \cdots & a_{2N} \\ \vdots & \vdots & \cdots & \vdots \\ a_{N1} & a_{N2} & \cdots & a_{NN} \end{bmatrix}$$

利用加权矩阵 A 对超矩阵 W 中的元素进行加权得

$$W'_{ij} = a_{ij}W_{ij}(i=1,\cdots,N;j=1,\cdots,N)$$

由 W'_{ij} 构成的超矩阵 W' 即为加权超矩阵。不难证明,加权超矩阵各列之和为 1。

为简便起见,以下超矩阵均为加权超矩阵,并仍然记为 W。

5）极限加权超矩阵

由上面步骤计算出加权超矩阵 W 中的元素表示元素间的一次优势度。为了计算元素间的二次优势度，需要计算 W^2；计算元素间的三次优势度，需要计算 W^3。以此类推，计算极限加权超矩阵。极限加权超矩阵中的元素表示控制层声、下网络层各元素间的极限优势度。

为了更方便地计算和使用极限加权超矩阵，下面给出三条定理。

定理 2-1　设 A 为 n 阶非负矩阵，λ_{max} 为其模最大特征值，则有

$$\min_i \sum_{j=1}^{n} a_{ij} \leqslant \lambda_{max} \leqslant \max_i \sum_{j=1}^{n} a_{ij}$$

定理 2-2　设非负列随机矩阵 A 的最大特征根 1 是单根，其他特征根的模均小于 1，则 A^{∞} 存在，并且 A^{∞} 的各列都相同，都是 A 属于 1 的归一化特征向量。

定理 2-3　设 A 为非负不可约列随机矩阵，则 $A^{\infty} = \lim_{k \to \infty} A^k$ 存在的充分必要条件是 A 为素阵。

依据极限加权超矩阵，即可得到各个准则的重要程度、各评价指标的重要程度及评价方案的排序。

6）几种特殊评价复杂系统的网络结构及其对应的超矩阵

（1）内部独立的递阶层次结构。内部独立的递阶层次结构及对应的超矩阵如图 2-21 所示。

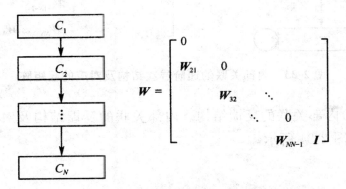

图 2-21　内部独立的递阶层次结构及对应的超矩阵

(2)内部独立的反馈结构。内部独立的反馈结构及对应的超矩阵如图 2-22 所示。

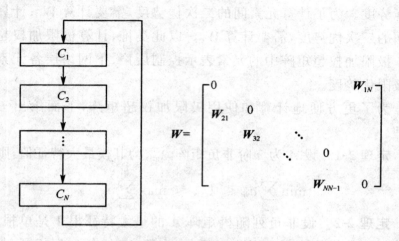

$$W = \begin{bmatrix} 0 & & & & W_{1N} \\ W_{21} & 0 & & & \\ & W_{32} & \ddots & & \\ & & \ddots & 0 & \\ & & & W_{NN-1} & 0 \end{bmatrix}$$

图 2-22　内部独立的反馈结构及对应的超矩阵

(3)内部关联的递阶层次结构。内部关联的递阶层次结构及对应的超矩阵如图 2-23 所示。

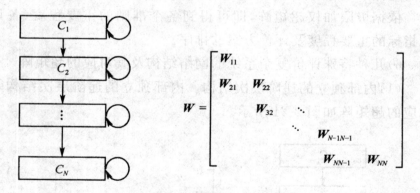

$$W = \begin{bmatrix} W_{11} & & & & \\ W_{21} & W_{22} & & & \\ & W_{32} & \ddots & & \\ & & \ddots & W_{N-1N-1} & \\ & & & W_{NN-1} & W_{NN} \end{bmatrix}$$

图 2-23　内部关联的递阶层次结构及对应的超矩阵

(4)内部关联的反馈结构。内部关联的反馈结构及对应的超矩阵如图 2-24 所示。

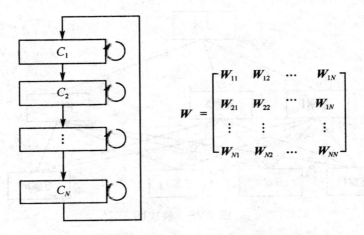

$$W = \begin{bmatrix} W_{11} & W_{12} & \cdots & W_{1N} \\ W_{21} & W_{22} & \cdots & W_{1N} \\ \vdots & \vdots & & \vdots \\ W_{N1} & W_{N2} & \cdots & W_{NN} \end{bmatrix}$$

图 2-24   内部关联的反馈结构及对应的超矩阵

3. 层次分析法

层次分析法是一种半定量的方法。它包括了评价与决策过程中的几个基本步骤,使用也不复杂。这种方法的特点就在于对一个复杂的问题先把目标、准则、方案措施分层划分出来,再把方案两两比较进行评分(以解决无法定量分析的困难),然后进行综合评价,排出优劣次序。

具体的做法分为 6 个步骤。

1)明确问题

首先要明确问题,先要清楚问题的范围、提出的要求、包含的因素,以及各元素之间的关系,这样就可以明确需要回答什么问题,需要的信息是否已经够用。

2)建立层次结构

根据对问题的了解和初步分析,我们可以把问题中涉及的因素按性质分层次排列.例如最简单的可以分成三层,排成图 2-25 所示的形式。

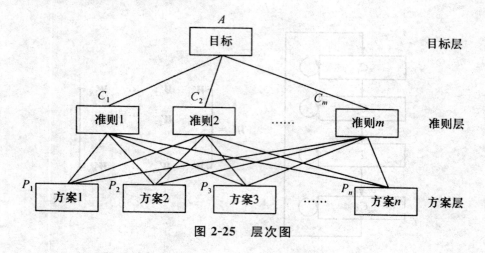

图 2-25　层次图

最上层是目标层，在这一层中的是复杂系统的目标（一般只有一个，如有多个分目标，可以在下一层设一个分目标层）。中间一层是准则层，排列了衡量是否达到目标的各项准则。第三层是方案（措施）层，排列了各种可能采取的方案（措施）。

由于目标能否达到要用各个准则来衡量，所以准则层各单元和目标是有联系的，图中画有连线；各方案均须用各准则来检查，所以最下层各元素与准则层各元素也有连线。

这里用两个例子来说明一下层次结构的形成。

第一个例子是某厂预购置一台微型机，希望功能强、价格低、易维护，现有 A、B、C 三种机型可供选择，我们可以构成如图 2-26 所示的分析层次图。

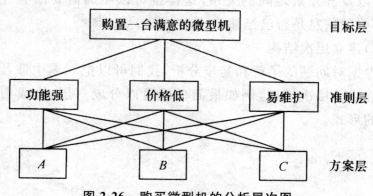

图 2-26　购买微型机的分析层次图

第二个例子是某炼铁厂预备订购生产用的矿石,现有临城、沙河、章村三个矿可以供应,厂方要求价格低、品位高、供货及时。我们可以把订购的决策分析用图 2-27 所示的层次分析图来表示。

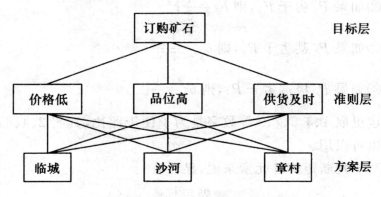

图 2-27   订购矿石的分析层次图

3)两两比较,建立判断矩阵

第三步是要对方案的各种属性进行两两比较。我们建立了分析层次后,就可以逐层、逐项对各元素进行两两比较,利用评分办法比较它们的优劣。例如,我们可以先从最下层开始,如图 2-25 中 $P_1, P_2, \cdots, P_n$ 各方案从准则层 C 的角度来两两进行评比,评比结果用下列判断矩阵中的各元素表示:

$$B = \begin{bmatrix} b_{11} & b_{12} & \cdots & b_{1n} \\ b_{21} & b_{22} & \cdots & b_{2n} \\ \vdots & \vdots & \cdots & \vdots \\ b_{n1} & b_{n2} & \cdots & b_{nn} \end{bmatrix}$$

因为对于单一准则来说,两个方案进行对比总能分出优劣。如果 P_i 方案比起 P_j 方案有下列优劣程度,则 b_{ij} 系数值为:

①如果 P_i 与 P_j 优劣相等,则 $b_{ij}=1$;

②如果 P_i 稍优于 P_j,则 $b_{ij}=3$;

③如果 P_i 优于 P_j,则 $b_{ij}=5$;

④如果 P_i 甚优于 P_j,则 $b_{ij}=7$;

⑤如果 P_i 极端优于 P_j,则 $b_{ij}=9$。

同样,如果 P_i 劣于 P_j,则有下列 b_{ij} 系数值:

①如果 P_i 稍劣于 P_j,则 $b_{ij} = \dfrac{1}{3}$;

②如果 P_i 劣于 P_j,则 $b_{ij} = \dfrac{1}{5}$;

③如果 P_i 甚劣于 P_j,则 $b_{ij} = \dfrac{1}{7}$;

④如果 P_i 极端劣于 P_j,则 $b_{ij} = \dfrac{1}{9}$。

这里取 1、3、5、7、9 等数字是为了便于评比,其实 2、4、6、8 等数字也可以用。

对于判断矩阵各元素来说,显然有

$$b_{ii} = 1$$

$$b_{ij} = \frac{1}{b_{ji}} \quad (i = 1, 2, \cdots, n; j = 1, 2, \cdots, n)$$

因此 n 阶判断矩阵原有 n^2 个元素,现在只要知道 $\dfrac{n(n-1)}{2}$ 个就行了。这些 b_{ij} 值是根据资料数据、专家意见和分析人员的认识经过反复研究后确定的。由于是对单一准则两两比较,所以一般并不难给出评分数据。但是,我们还应该检查这种两两比较的结果之间是否具有一致性。我们得出的数据如果存在:

$$b_{ij} b_{jk} = b_{ik} \quad (i, j, k = 1, 2, \cdots, n)$$

那么就说判断矩阵具有完全的一致性。但由于客观事物是复杂的,人们的认识也有片面性,所以判断矩阵不可能具有完全一致性,我们在确定时要注意不要有太大的矛盾。因为最后我们还要进行总的一致性检验。

我们对于每一个准则 C 都要列出 $P_1, P_2, \cdots, P_n$ 的判断矩阵。同样对目标来说,几个准则哪个更重要一些,哪个次要一些,也要通过两两相比,得出判断矩阵来。

我们仍以前面的购置微型机为例。假如在三种备选的机型中,A 的性能较好,价格一般,维护需要一般水平;B 的性能最好,价格较贵,维护也只需一般水平;C 性能差,但价格便宜,容易维护。根据具体技术数据、经济指标和人的经验确定各判断矩阵，见表2-6～表2-8。

表 2-6 C_1 判断矩阵

C_1	P_1	P_2	P_3
P_1	1	$\frac{1}{4}$	2
P_2	4	1	8
P_3	$\frac{1}{2}$	$\frac{1}{8}$	1

表 2-7 C_2 判断矩阵

C_2	P_1	P_2	P_3
P_1	1	4	$\frac{1}{3}$
P_2	$\frac{1}{4}$	1	$\frac{1}{8}$
P_3	3	8	1

表 2-8 C_3 判断矩阵

C_3	P_1	P_2	P_3
P_1	1	1	$\frac{1}{3}$
P_2	1	1	$\frac{1}{5}$
P_3	3	5	1

至于三个准则对目标来说的优先顺序，要根据该厂购置微型机的具体要求而定。假定该厂在微型机应用上首先要求功能强，其次要求易维护，最后才是价格低，则判断矩阵见表2-9。

表 2-9　A 判断矩阵

A	C_1	C_2	C_3
C_1	1	5	3
C_2	$\dfrac{1}{5}$	1	$\dfrac{1}{3}$
C_3	$\dfrac{1}{3}$	3	1

4）进行层次单排序

前面讲的判断矩阵，只是针对上一层而言两两相比的评分数据，现在要把本层所有各元素对上一层而言排出优劣顺序来。这可以在判断矩阵上进行运算，最常用的有以下几种方法。

（1）求和法。

①把判断矩阵 $\begin{bmatrix} b_{11} & b_{12} & \cdots & b_{1n} \\ b_{21} & b_{22} & \cdots & b_{2n} \\ \vdots & \vdots & \cdots & \vdots \\ b_{n1} & b_{n2} & \cdots & b_{nn} \end{bmatrix}$ 的每一行进行求和得

$\sum\limits_{i=1}^{n} b_{1i} = V_1, \sum\limits_{i=1}^{n} b_{2i} = V_2, \cdots, \sum\limits_{i=1}^{n} b_{ni} = V_n$。这样得到的 $V_1, V_2, \cdots,$ V_n 值已经可以表示出各行代表的方案 $P_1, P_2, \cdots, P_n$ 的优劣程度 ［例如，P_i 比其余 $P_j (j \neq i)$ 都优越，则该行元素 b_{ij} 均大于 1，其和更大于 1］，为了便于比较，我们再进行第二步。

②进行正规化，也就是把 $V_1, V_2, \cdots, V_n$ 加起来后去除 V_i。这样得到的向量为

$$W = \begin{bmatrix} W_1 \\ W_2 \\ \vdots \\ W_n \end{bmatrix}$$

作为 $P_1, P_2, \cdots, P_n$ 的相对优先程度的衡量更好一点，因为

$$W_1 + W_2 + \cdots + W_n = 1$$

还以前面的购置微型机为例，C_1 判断矩阵见表 2-6，得到：

$$V_1 = 3.25 \quad W_1 = 0.1818$$
$$V_2 = 13 \quad W_2 = 0.7272$$
$$V_3 = 1.625 \quad W_3 = 0.7272$$
$$\overline{\sum V = 17.875}$$

从 W_1、W_2、W_3 的比较来看，显然 B 型机在性能上比 A、C 型都强得多，其次才是 A 型，A 型比 B 型差很多，但仍比 C 型优越。

（2）正规化求和法。

① 对于判断矩阵 $\begin{bmatrix} b_{11} & b_{12} & \cdots & b_{1n} \\ b_{21} & b_{22} & \cdots & b_{2n} \\ \vdots & \vdots & \cdots & \vdots \\ b_{n1} & b_{n2} & \cdots & b_{2n} \end{bmatrix}$ 的每一列来说，进行正

规化。公式为

$$b_{ij} = \frac{b_{ij}}{\sum\limits_{k=1}^{n} b_{kj}}$$

正规化后，每列各元素之和为 1。

② 各列正规化后的判断矩阵按行相加，有

$$U_i = \sum_{j=1}^{n} b_{ij} \quad (i = 1, 2, \cdots, n)$$

③ 再对向量 $\boldsymbol{U} = [U_1, U_2, \cdots, U_n]^{\mathrm{T}}$ 进行正规化，有

$$W_i = \frac{U_i}{\sum\limits_{j=1}^{n} U_j} \quad (i = 1, 2, \cdots, n)$$

这样得出的向量为

$$\boldsymbol{W} = [W_1, W_2, \cdots, W_n]^{\mathrm{T}}$$

式中各分量 W_i 就是表明 $P_1, P_2, \cdots, P_n$ 各元素相对优先程度的系数。

我们仍以上面 C_1 判断矩阵为例，各元素的优劣程度见表 2-10。

表 2-10 C_1 判断矩阵元素的优劣程度

C_1	P_1	P_2	P_3
P_1	1	$\frac{1}{4}$	2
P_2	4	1	8
P_3	$\frac{1}{2}$	$\frac{1}{8}$	1
各列之和	5.5	1.375	11

各列经过正规化后得到表 2-11。

表 2-11 正规化后的 C_1 判断矩阵

C_1	P_1	P_2	P_3	各行之和	正规化
P_1	0.1818	0.1818	0.1818	0.5454	$0.1818=W_1$
P_2	0.7272	0.7272	0.7272	2.1816	$0.7272=W_2$
P_3	0.0910	0.0910	0.0910	0.2730	$0.0910=W_3$

再求各行之和,并进行正规化,便得到 W_1、W_2、W_3。

C_2、C_3、A 判断矩阵见表 2-7 至表 2-9。

C_2 判断矩阵正规化后的向量分别为

$$W_1=0.2992$$
$$W_2=0.0738$$
$$W_3=0.6690$$

C_3 判断矩阵正规化后的向量分别为

$$W_1=0.1868$$
$$W_2=0.1578$$
$$W_3=0.6554$$

正规化后,A 判断矩阵的向量分别为

$$W_1=0.6333$$

110

$$W_2 = 0.1035$$

$$W_3 = 0.2532$$

(3)方根法。

①计算判断矩阵每一行元素的乘积 M_i 为

$$M_i = \prod_{i=1}^{n} b_{ij} (i = 1, 2, \cdots, n)$$

②计算 M_i 的 n 次方根 W_i' 为

$$W_i' = \sqrt[n]{M_i}$$

③对 W_i' 进行正规化为

$$W_i = \frac{W_i'}{\sum_{j=1}^{n} W_j}$$

则 $W_i(i=1,2,\cdots,n)$ 就构成了系数分量。

同样以上面的例子来计算, C_1 的取值参见表 2-6, 则

$$M_1 = 0.5, M_2 = 32, M_3 = 0.0625$$

$$W_1' = \sqrt[3]{0.5} = 0.7937$$

$$W_2' = \sqrt[3]{32} = 3.1748$$

$$W_3' = \sqrt[3]{0.0625} = 0.3968$$

$$W_1 = \frac{0.7937}{0.7937 + 3.1748 + 0.3968} = \frac{0.7937}{4.3653} = 0.1818$$

$$W_2 = \frac{3.1748}{4.3653} = 0.7272$$

$$W_3 = \frac{0.3968}{4.3653} = 0.0910$$

C_2、C_3、A 取值参见表 2-7 至表 2-9。

采用方根法得到 C_2 判断矩阵的向量分别为

$$M_1 = 1.3333, M_2 = 0.0313, M_3 = 24$$

$$W_1 = 0.2559, W_2 = 0.0733, W_3 = 0.6708$$

采用方根法得到 C_3 判断矩阵的向量分别为

$$M_1 = 0.3333, M_2 = 0.2, M_3 = 15$$

$$W_1 = 0.1851, W_2 = 0.1562, W_3 = 0.6587$$

采用方根法得到 A 判断矩阵的向量分别为

$$M_1 = 15, M_2 = 0.0067, M_3 = 1$$

$$W_1 = 0.637, W_2 = 0.105, W_3 = 0.258$$

用这种方法与用正规化求和法的结果比较,结果是非常接近的。

(4)特征向量法。

严格的计算 $\boldsymbol{W} = [W_1, W_2, \cdots, W_n]^{\mathrm{T}}$ 的方法是计算判断矩阵的最大特征根 $\lambda_{\max}$ 以及它所对应的特征向量 $\boldsymbol{W}$,它们满足:

$$\boldsymbol{B}\boldsymbol{W} = \lambda_{\max}\boldsymbol{W}$$

式中 $\boldsymbol{B}$ 是判断矩阵。这个特征向量正是待求的系数向量。$\boldsymbol{W}$ 与 $\lambda_{\max}$ 的计算步骤为:

①取一个和判断矩阵 $\boldsymbol{B}$ 同阶的初值向量 $\boldsymbol{W}$;

②计算 $\boldsymbol{W}^{k+1} = \boldsymbol{B}\boldsymbol{W}^k, k = 0, 1, 2, \cdots$;

③令 $\beta = \sum_{i=1}^{n} W_i^{k+1}$,计算 $\boldsymbol{W}^{k+1} = \dfrac{1}{\beta}\overline{\boldsymbol{W}}^{k+1}, k = 0, 1, 2, \cdots$;

④给定一个精度 ε,当 $|\overline{W}_i^{k+1} - \overline{W}_i^{k}| < \varepsilon$,对所有 $i = 0, 1, 2, \cdots$ 都成立时停止计算,这时 $\boldsymbol{W} = \boldsymbol{W}^{k+1}$ 就是所需要求出的特征向量;

⑤计算最大特征值:

$$\lambda_{\max} = \sum_{i=1}^{n} \frac{\overline{W}_1^{k+1}}{n\,\overline{W}_i^{k}}$$

上面的计算可以在计算机(即使是微型机)上很容易实现。由于这种计算并不要求太高的精确度(判断矩阵各元素给出的也不是太精确的),因此用前面第二、第三种方法已经足够了。这样用计算器、算盘甚至手算都可以完成。

5)进行层次总排序

完成了层次单排序后,怎样利用单排序结果综合出对上一层的优劣顺序,就是层次总排序的任务。例如,我们已经分别得到 P_1、P_2、P_3 对 C_1、C_2、C_3 的顺序,以及 C_1、C_2、C_3 对 A 的顺序,现在我们要寻求 P_1、P_2、P_3 对 A 的顺序。

这种排序方法可以用下面的表格来加以说明。例如,层次 C 对层次 A 来说已经单排序完毕,其系数值为 $a_1, a_2, \cdots, a_m$,而层次

P 对层次 C 各元素 C_1、C_2、C_3 来说，单排序结果系数值分别为 $W_1^1, W_2^1, \cdots, W_n^1; W_1^2, W_2^2, \cdots, W_n^2; \cdots$。

总排序系数值可按表 2-12 计算。

表 2-12　总排序系数值

层次 P ＼ 层次 C	C_1 a_1	C_2 a_2	$\cdots$	C_m a_m	总排序结果
P_1	W_1^1	W_1^2	$\cdots$	W_1^m	$\sum_{i=1}^{m} a_i W_1^i$
P_2	W_1^2	W_2^2	$\cdots$	W_2^m	$\sum_{i=1}^{m} a_i W_2^i$
$\vdots$	$\vdots$	$\vdots$	$\cdots$	$\vdots$	$\vdots$
P_n	W_n^1	W_n^2	$\cdots$	W_n^m	$\sum_{i=1}^{m} a_i W_n^i$

很显然，存在：

$$\sum_{j=1}^{n} \sum_{i=1}^{m} a_i W_j^i = 1$$

所以，得出的结果已经是正规化的了。

我们试以前面的购置微型机的例子来加以计算（用方根法算系数值结果）。

总排序的系数计算过程见表 2-13。

表 2-13　总排序的系数计算

P ＼ C	C_1	C_2	C_3	总排序
P	0.6370	0.1050	0.2580	
P_1	0.1318	0.2559	0.1851	0.1094
P_2	0.7272	0.0733	0.1562	0.5112
P_3	0.0910	0.6708	0.6587	0.2984

$W_1 = 0.637 \times 0.1818 + 0.105 \times 0.2559 + 0.258 \times 0.1851 = 0.1904$

$W_2 = 0.637 \times 0.7272 + 0.105 \times 0.0733 + 0.258 \times 0.1562 = 0.5112$

$W_3 = 0.637 \times 0.0910 + 0.105 \times 0.6708 + 0.258 \times 0.6587 = 0.2984$

从以上分析可知,B 型机从综合评分来说占优势,其次是 C 型。

6)一致性检验

在决定判断矩阵系数时,要求两两比较的评分之间存在一致性。要求完全一致是不可能的,但应该定下一致性指标并进行检验。

在单排序时,应该检验判断矩阵的一致性。一致性指标的定义是

$$CI = \frac{\lambda_{max} - n}{n - 1}$$

可以从数学上证明,n 阶判断矩阵的最大特征根为

$$\lambda_{max} \geqslant n$$

而当完全一致时,$\lambda_{max} = n$,这时 $CI = 0$,为了进行检验,我们再定义一个随机一致性比值,即

$$CR = \frac{CI}{RI}$$

式中,RI 称为平均随机一致性指标,其数值见表 2-14。

表 2-14 RI 值

阶数 n	3	4	5	6	7	8	9
RI 值	0.58	0.90	1.12	1.24	1.23	1.41	1.45

对于一阶、二阶判断矩阵来说,总认为它们是完全一致的。

一般希望:

$$CR < 0.10$$

然后再检验总排序的一致性。总排序的指标 CI 值为

$$CI = \sum_{i=1}^{m} a_i CI_i$$

式中，a_i 为对 A 来说 C_i 的优劣系数，CI_i 为相应的单排序一致性指标。

$$RI = \sum_{i=1}^{m} a_i RI_i$$

式中 RI_i 也是相应的单排序一致性指标。而

$$CR = \frac{CI}{RI}$$

同样希望 CR 小于 0.10。

如果一致性检验结果不令人满意，就应该检查判断矩阵各元素间关系有无不恰当的，有则适当加以调整，直到满意为止。

最后，我们应该提到的是：层次的划分不一定局限于上面讲过的目标、准则、措施或方案三层。例如，目标层的总目标之下还可增加一个分目标层。中间还可以有情景层（反映不同处境）、约束层等。层数虽然加多了，但处理方法仍和前面一样，只是重复使用几次而已。

层次分析法由于思路清晰，能够定量处理一些难以精确定量的决策问题，计算也较简单，整个过程符合复杂系统分析思想，所以是一种很有用的方法，虽然提出的时间不长，但已显示出很强的生命力。在运用加权和的综合评价中，可以用它计算权系数。

其实，这一方法已经隐含了一个简单清晰的决策过程。

2.6.3 复杂系统决策分析方法

1. 复杂系统决策概述

1）决策和决策过程

决策是人类社会的一项重要活动，它关系到人类生活的各个方面，是为实现某种目标而从若干个问题求解方案中选出一个最优或合理方案的过程。

无论是行动方案的确定，还是重大发展战略的制定；是一个领导干部的选拔，还是一种产品的研制生产；是一家企业的生产

管理,还是一个国家或地区的产业政策,都是由一系列决策活动来完成的。决策正确带来的是"一本万利",而决策失误也是"最大的失误"。关于这一点,著名科学家、诺贝尔奖获得者西蒙有句名言——"管理就是决策",也就是说,决策贯穿于管理的全过程,一切管理工作的核心是决策。

在系统工程的工作过程中,由复杂系统开发得到的若干解决问题的方案,经过复杂系统建模、复杂系统分析及复杂系统评价等步骤之后,最终必须从备选方案中为决策者选出最佳的开发方案。这一程序是系统工程辩证程序中的最后一个,也是最重要的一个,这就是复杂系统决策。

西蒙把决策过程同现代的管理科学、计算机技术和自动化技术结合起来,将其划分为四个主要阶段,即找出制定决策的理由;找到可能的行动方案;在诸行动方案中进行抉择;对已进行的抉择进行评价。尽管不同的决策者在不同决策场合对上述四个阶段的看法可能不一样,但这四个阶段加在一起却构成了决策者所要做的主要工作。

以上四个阶段交织在一起,就形成了复杂系统决策的过程(图 2-28)。第一阶段是调查环境,寻求决策的条件和依据,即情报活动;第二阶段是创造、制订和分析可能采取的行动方案,即设计活动;第三阶段是从可资利用的备选方案中选出一个行动方案,即抉择活动;第四阶段是决策的实施与评价,西蒙称其为审查活动,其实质是对过去的抉择进行评价。

现代计算机技术、管理科学等的发展,给决策制定的过程赋予了新的内容和含义。情报和设计活动中,主要是依赖可靠、准确、及时的基本信息,因此 MIS 就成为当代决策的重要技术基础;而在抉择、实施与评价活动中的主要技术措施就是模型方法,其主要是指管理科学(Management Science, MS)、运筹学(Operation Research, OR)、系统工程中的模型方法。将上述两部分技术集成在一起,利用先进的计算机软硬件技术,实现上述决策过程,开发成界面友好的人机复杂系统,就是决策支持复杂系统。

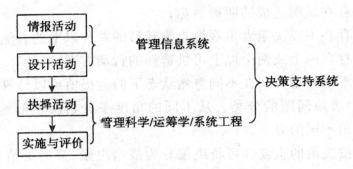

图 2-28 复杂系统决策的过程

2)决策问题的要素及其分类

（1）决策问题的要素。什么是构成一个决策问题的要素呢？下面我们看一个较为简单的例子。

某工程公司准备承建一项工程，需要决定下个月是否开工。如果天气好，工程能顺利进行，就可盈利 60 000 元；如果开工后天气不好，接连下雨，施工困难，公司将损失 10 000 元；如果不开工，则无论天气好坏，都要赔偿 5000 元。面对这种情况应如何决策，以争取获得最大可能的效益？

在此，天气好或天气坏叫作自然状态，人们可能采取两种行动方案，即开工或不开工。在不同自然状态下损失，可以看成是负的收益，于是可以收益最大或损失最小为目标。在复杂系统决策理论中，收益和损失应该是可以定量地表示出来的，上例中相应的益损情况见表 2-15。

表 2-15 两种方案益损情况　　单位:元

自然状态	行动方案	
	开工	不开工
天气好	60 000	−5000
天气坏	−10 000	−5000

从上述例子可以看出，构成一个决策问题必须具备以下几个条件：

①存在试图达成的明确目标；

②存在不以决策者主观意志为转移的两种以上的自然状态；

③存在两个或两个以上可供选择的行动方案；

④不同行动方案在不同自然状态下的益损值可以计算出来。

（2）决策问题的分类。从不同的角度来分析决策问题，我们可以得出不同的分类。

①按决策的重要性可将决策分为战略决策、策略决策和执行决策。

战略决策是涉及组织的发展和生存的有关全局性、长远、方向问题的决策，如企业厂址的选择，新产品的开发，新市场的开发，国家和地区的产业布局、结构调整、战略方针等。

策略决策是为完成战略决策所规定的目标而进行的决策，如企业的产品规格、工艺方案等。

执行决策是根据策略决策的要求进行执行方案的选择，如生产标准选择、生产调度、人员兵力配备等决策。

这三类决策问题的特点比较见表 2-16。

表 2-16　三类决策问题的特点比较

项目	战略决策	策略决策	执行决策
决策权	集中	集中与分散结合	分散
所需信息	不全	较全	完全
问题结构	不良	一般	良好
涉及的风险	大	一般	小
决策的组织工作	复杂	一般	简单
决策程序	复杂	一般	简单
目标数量	多	中等	少
时限	长期	中期	短期

②按决策的性质可将决策分为程序化决策和非程序化决策。

程序化决策是一种有章可循的决策，具体体现为可以重复出现、制定同一程序,如订单标价、核定工资、生产调度等。

非程序化决策表现为问题新颖、无结构,处理这类问题没有灵丹妙药,如开辟新的市场、作战指挥决策等。非程序化决策根据问题结构化的程度又可分为结构化决策、半结构化决策及非结构化决策。所谓结构化是指问题的影响变量之间的相互关系可以用数学形式表达,问题的结构可以用数学模型表示;非结构化问题比较复杂,一般不能建立数学模型;介于二者之间的称为半结构化决策。

③按人们对自然状态规律的认识和掌握程度,决策通常可分为确定型决策、风险型决策(统计决策),以及非确定型(完全不确定型)决策三种。

如果决策者能完全确切地知道将发生怎样的自然状态,就可在既定的自然状态下选择最佳行动方案,这就是确定型决策问题,如资源的分配优化、配置等,总之用数学规划解决的问题都属于确定型决策问题。

如果构成一个决策问题,除满足前述的四个条件以外,还满足如下条件:虽然决策者不能准确给定未来出现哪种自然状态,却可以估计出其出现概率,这种决策问题就称为风险型决策问题。例如,如果天气好、天气坏的概率可以估计出来,这一问题就属于风险型决策问题。

如果决策者不但不能确定未来将出现哪一种自然状态,甚至对各种自然状态出现的概率也一无所知,也没有任何统计数据可循,全凭决策者的经验、态度和打算,这类决策问题就是非确定型决策问题。

④按决策的目标数量可将决策分为单目标决策和多目标决策。

仅有一个目标的决策问题是单目标决策,有两个或两个以上目标的决策问题称为多目标决策。如果严格区分,可以说多目标决策是多准则决策问题的一类。多准则决策是指存在多个目标且目标之间相互冲突、不可公度的情况下进行的决策,可以分为多属性决策和多目标决策两大类。其中,多属性决策针对有限数量、离散的方案集,求解的核心是对方案集排序后选优,主要用来解决方案优选问题;多目标决策则针对无限数量、连续的方案集,一般采用数学规划法求解,主要用来解决方案设计问题。但在实际应用中,多目标决策也常代表多属性决策,而不做严格区分,这种情况下,就是把多准则决策和多目标决策、多属性决策等同起来。

⑤按决策的阶段可将决策分为单阶段决策和多阶段决策,也可称为单项决策和序贯决策。

单项决策是指整个决策过程只做一次决策就得到结果,序贯决策是指整个决策过程由一系列决策组成,而其中若干关键决策环节又可分别看成单项决策。

当前,由于复杂系统信息化水平的提高带来的大量数据,以及现实决策问题的复杂性和不确定性导致机理模型不能准确建立等原因,基于(离线或在线)数据的决策成为复杂系统决策问题的一个大类而得以发展。例如,基于运行数据的故障诊断、基于生产数据的制造过程控制、基于生物数据的医学诊断、基于作战模拟数据的军事对抗分析、基于金融数据的信用评估等,就属于这类决策。其方法主要有经典统计方法、证据推理和模糊推理方法、神经网络、支持向量机、聚类分析、小波分析等。

3)复杂系统决策的基本步骤

针对某一具体的决策问题,一项完整的决策过程应包括以下几个基本步骤。

(1)明确目标。明确目标是决策的前提。决策目标要制定得具体、明确,避免抽象、含糊。因此,决策目标最好是可度量的指标,如效益、损失等。此外,决策目标要考虑全面,整体与局部、长远与近期、实际与可能的利益要结合起来。

(2)拟订方案。根据确定的目标,拟订多个行动方案,这是科学决策的关键。需要注意,提出的行动方案都必须是可行的,这样从中选择方案才有意义。对比较大的决策问题,还要进行可行性论证。

(3)预测可能的自然状态。所谓自然状态,是指那些对实施行动方案有影响而决策者又无法控制和改变的因素所处的状况。这些因素包括的范围很广泛,如气候、物价、市场需求、竞争对手的行动、成本、原材料等都可以成为影响因素。尽管影响决策问题的客观因素可能很多,但通常只选择对行动结果有重大影响的因素,并以这个因素或这些因素的状况或组合状况作为该决策问题的自然状态。

例如,某企业的决策者面临的是"生产产品 A"还是"不生产产品 A"的决策问题,如果影响这两种行动方案的不可控因素为"市场需求量",而它的可能出现状况有"市场需求大"和"市场需求小"两种,那么行动方案实施后将遇到的自然状态就是二者之一。如果"竞争厂家是否生产类似产品"是该决策问题的另一个不容忽略的影响因素,它的可能状况有"无竞争"和"有竞争"两种。这样,两种影响因素的可能组合状况有四种,即"需求小,但无竞争""需求小,且有竞争""需求大,且无竞争"和"需求大,但有竞争",这也就是该决策问题的四种可能自然状态。

此外,影响因素的状态需要事前做出明确的定义。例如,"市场需求量大"的定义是什么?指需求达到 1000 台以上,还是 2000 台以上呢?显然,对不同的问题将有不同的回答,因此应根据具体问题做出相应的说明和定义。

(4)估计各自然状态出现的概率。估计各自然状态出现的概率是统计决策(风险型决策)问题必须进行的工作,是构成该类决策问题的条件之一。因为确切真实的自然状态出现的情况只能在决策之后才能确定,为了进行统计决策,我们必须对各自然状态出现的概率做出估计。一般可以用主观概率估计或者根据历史统计资料直接估算。

(5)估算各个行动方案在不同自然状态下的益损值。估算各个行动方案在不同自然状态下的益损值也是构成决策问题的条件之一。

（6）决策分析，选择满意的行动方案。这一步是复杂系统决策全过程的主体，应用各种决策技术进行决策分析，最终为决策者选择满意方案，这也是将要讨论的内容。

2. 风险型决策分析

在实际复杂系统管理中所遇到的决策分析问题，对各种自然状态可能出现的信息一无所知的情况是极为少见的。通常根据过去的统计资料和积累的工作经验，或通过一定的调查研究所获得的信息，总是可以对各种自然状况的概率做出一定估算。这种在事前估算和确定的概率叫作"主观"概率。所以，在实际工作中需要进行决策分析的问题大多数属于风险型决策分析问题。

1）期望值法

期望值是指概率论中随机变量的数学期望。这里把所采取的行动方案看成是离散的随机变量，则 m 个方案就有 m 个离散随机变量，离散变量所取值就是行动方案相对应的益损值。离散随机变量 X 的数学期望为

$$E(X) = \sum_{i=1}^{m} p_i x_i$$

式中，x_i 为随机离散变量 x 的第 i 个取值，$i=1,2,\cdots,m$；p_i 为 $x=x_i$ 时的概率。

期望值法就是利用上述公式算出每个行动方案的益损期望值并加以比较。若采用的决策目标（准则）是期望收益最大，则选择收益期望值最大的行动方案为最优方案；若采用的决策目标是期望费用最小，则选择费用期望值最小的方案为最优方案。

【例 2-4】 某轻工企业要决定一轻工产品明年的产量，以便及早做好生产前的各项准备工作。假设产量的大小主要根据该产品的销售价格好坏而定，根据以往市场销售价格的统计资料及市场预测的信息得知：未来产品销售价格出现上涨、价格不变和价格下跌三种状态的概率分别为 0.3、0.6 和 0.1。若该产品按

大、中、小三种不同批量(即三种不同方案)投产,则下一年度在不同价格状态下的益损值就可以估算出来,见表 2-17。现要求通过决策分析来确定下一年度的产量,使该产品能获得的收益期望为最大。

表 2-17 【例 2-4】的益损值表

益损值/万元 行动方案	自然状态 概 率	价格上涨 θ_1	价格不变 θ_2	价格下跌 θ_3
		0.3	0.6	0.1
大批生产 A_1		40	32	−6
中批生产 A_2		36	34	24
小批生产 A_3		20	16	14

这是一个面临三种自然状态和三种行动方案的风险型决策分析问题,现运用期望值法求解如下:

①根据表 2-17 所列各种自然状态的概率和不同行动方案的益损值,可用上述公式算出每种行动方案的益损期望值分别为:

方案 A_1:$E(A_1)=0.3×40$ 万元$+0.6×32$ 万元$+0.1×(−6)$ 万元$=30.6$ 万元。

方案 A_2:$E(A_2)=0.3×36$ 万元$+0.6×34$ 万元$+0.1×24$ 万元$=33.6$ 万元。

方案 A_3:$E(A_3)=0.3×20$ 万元$+0.6×16$ 万元$+0.1×14$ 万元$=17.0$ 万元。

②通过计算并比较后可知,方案 A_2 的数学期望 $E(A_2)=33.6$ 万元,为最大,所以选择行动方案 A_2 为最优方案。也就是下一年度按中批生产规模投产所获得的收益期望为最大。

2)决策树法

所谓决策树法,就是利用树形图模型来描述决策分析问题,并直接在决策树图上进行决策分析。其决策目标(准则)可以是益损期望值或经过变换的其他指标值。现仍以【例 2-4】为例介绍决策树法。

（1）绘制决策树。按表 2-17 所示各种行动方案和自然状态及其相应的益损值和主观概率等信息，按由左至右的顺序画出决策树图，如图 2-29 所示。

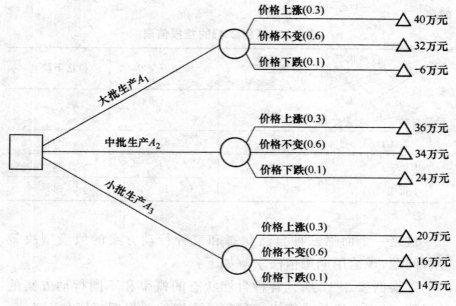

图 2-29 【例 2-4】的决策树

图中各节点的名称及含义如下：

"□"表示决策节点，从它引出的分支叫作方案分支。分支数量与行动方案数量相同。【例 2-4】中有三种行动方案，所以图 2-29 中就有三个方案分支。决策节点表明从它引出的行动方案需要进行分析和决策。

"○"表示状态节点，从它引出的分支叫作状态分支或概率分支，在每一分支上注明自然状态名称及概率。状态分支数量与自然状态数量相同。

"△"表示结果节点，即将不同行动方案在不同自然状态下的结果（如益损值）注明在结果节点的右端。

（2）计算期望值。计算各行动方案的益损期望值，并将计算结果标注在相应的状态节点上。图 2-30 所示为方案 A_2 的益损期望值。

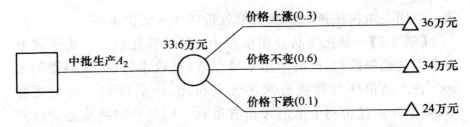

图 2-30 方案 A₂ 的益损期望值

（3）比较期望值。将计算所得的各行动方案的益损期望值加以比较，选择其中最大的期望值并标注在决策节点上方，如图 2-31 所示。与最大期望值相对应的是方案 A_2，则 A_2 即为最优方案。然后，在其余的方案分支上画上"‖"符号，表明这些方案已被舍弃，图 2-31 即是一个经过决策分析选择行动方案 A_2 为最优方案的决策树图。

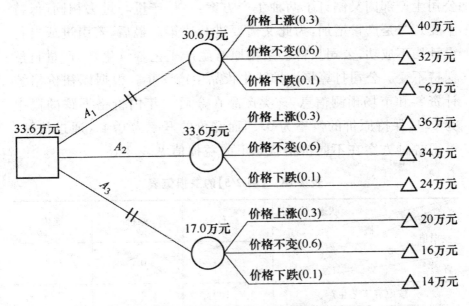

图 2-31 【例 2-4】的决策分析过程及结果

3）多级决策树

从【例 2-4】中可知，如果只需做一次决策，其分析求解即告完成，则这种决策分析问题就叫作单级决策。反之，有些决策问题需要经过多次决策才告完成，则这种决策问题就叫作多级决策问题。应用决策树法进行多级决策分析叫作多级决策树。

【例 2-5】 某化妆品公司生产 BF 型护肤化妆品。由于现有生产工艺比较落后,产品质量不易保证,且成本较高,销路受到影响。若产品价格保持现有水平无利可图,产品价格下降则要亏本,只是在产品价格上涨时才稍有盈利。因此公司决定要对该产品的生产工艺进行改进,提出两种方案以供选择:一是从国外引进一条自动化程度较高的生产线;二是自行设计一条有一定水平的生产线。根据公司以往引进和自行设计的工作经验,引进生产线投资较大,但产品质量好,且成本较低,年产量大,引进技术的成功率为 80%。而自行设计生产线投资相对较小,产品质量也有保证,成本也较低,年产量也大,但自行设计的成功率只有 60%。进一步考虑到无论是引进或自行设计生产线,产量都能增加,因此,公司生产部门又制订了两种生产方案:一是产量与过去相同(保持不变),二是产量增加,为此又需要进行决策。最后,若引进或自行设计均不成功,公司只得仍采用原有生产工艺继续生产,产量自然保持不变。公司打算将该护肤化妆品生产 5 年。根据以往价格统计资料和市场预测信息,该类产品在今后 5 年内价格下跌的概率为 0.1,保持原价的概率为 0.5,而涨价的概率为 0.4。通过估算,可得各种方案在不同价格状态下的益损值见表 2-18。

表 2-18 【例 2-5】的益损值表

益损值/万元 方案	状态(价格) 概率	跌价 0.1	原价 0.5	涨价 0.4
按原有工艺生产		−100	0	125
引进生产线 A_1 (成功率 0.8)	产量不变 B_1	−250	80	200
	产量增加 B_2	−400	100	300
自行设计生产线 A_2 (成功率 0.6)	产量不变 B_1	−250	0	250
	产量增加 B_2	−350	−250	650

　　根据上述可知,【例 2-5】是一个二级决策分析问题。用多级决策树进行分析,其过程和结果如图 2-32 所示。

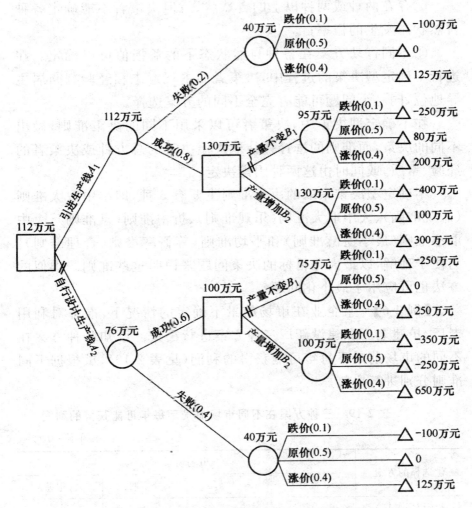

图 2-32　【列 2-5】的多级决策树及分析计算

3. 不确定型决策

　　不确定型决策与风险型决策的主要区别在于:风险型决策是在已知各种自然状态可能出现的概率下进行决策,而不确定型决策则在不知道各种自然状态可能出现的概率下进行决策。

　　不确定型决策通常具备以下几个条件:

①存在明确的决策目标；

②存在两个或两个以上的行动方案；

③存在两种或两种以上的自然状态，但决策者不能确定各种自然状态发生的概率；

④不同行动方案在各种自然状态下的益损值可以确定。在进行不确定型决策的过程中，决策者的主观意志和经验判断居主导地位，同一个问题可能有完全不同的方案选择。

在不确定型决策中，决策者可以采用不同的决策准则，做出不同的决策，而准则的选择往往取决于决策的总方针或决策者的经验、素质，或同时由这两种因素决定。

不确定型决策采取的决策准则主要有 5 种，即小中取大准则（悲观准则）、大中取大准则（乐观准则）、折中准则（盘准则）、大中取小准则（最小遗憾准则）和平均准则（等概率准则、合理准则）。为便于理解，以最大化目标的决策问题来说明这些准则。类似的方法也可应用于最小化问题。

【例 2-6】 某企业在市场前景不确定的情况下，准备对利用老厂、扩建老厂和建设新厂三种方案进行决策。已知各种方案在不同的市场前景下每年可能获得的利润（见表 2-19），试根据不同准则分别进行决策。

表 2-19 三种方案在不同市场前景下每年可能获得的利润

单位：万元

供选择的方案	市场前景			
	s_1（很好）	s_2（较好）	s_3（一般）	s_4（很差）
a_1（利用老厂）	10	5	4	−2
a_2（扩建老厂）	17	10	1	−10
a_3（建立新厂）	24	15	−3	−20

下面利用该例对各种准则进行介绍。

（1）等概率准则。等概率准则假定所有的自然状态出现的概率相等，因此选择平均益损值最大的方案为决策方案。用公式表示为

$$\max_i \left\{ \frac{1}{m} \sum_{j=1}^{m} c_{ij} \right\}$$

假定四种自然状态出现的概率各为 1/4。三种决策方案的期望利润额分别为

$$E(a_1) = (10+5+4-2)/4 = 17/4$$
$$E(a_2) = (17+10+1-10)/4 = 18/4$$
$$E(a_3) = (24+15-3-20)/4 = 16/4$$

由上可知,方案以 a_2 的期望利润最大,因此,按等概率准则最好方案为 a_2。

(2)乐观准则(大中取大准则)。这种准则是假定将发生最好的情况。因此,首先找出每种方案在各自然状态下能得到的最大益损值,再从中选择最大益损值所对应的方案作为最优方案。用公式表示为

$$\max_i \left\{ \max_j c_{ij} \right\}$$

按乐观准则,首先找出每种方案中利润最大的益损值,各方案的最大益损值分别为 10、17、24。然后从中选择最大值 24 所对应的方案 a_3 作为最优方案。计算过程见表 2-20。

表 2-20　按乐观准则进行决策的决策表

行动方案	市场前景				最大值	诸最大值中的最大值
	s_1(很好)	s_2(较好)	s_3(一般)	s_4(很差)		
a_1(利用老厂)	10	5	4	-2	10	—
a_2(扩建老厂)	17	10	1	-10	17	—
a_3(建立新厂)	24	15	-3	-20	24*	24*

注:* 如果是最小化问题,如最小费用、最小损失等,则应从诸最小值中选取最小值,即小中取小准则,应用的仍然是乐观准则。

是否采用乐观准则,完全取决于决策者的判断和性格,具有很大的风险。

(3)悲观准则(小中取大准则)。悲观准则是假定将发生最不利的情况。因此,首先找出每种方案在各自然状态下能得到的最

小益损值,再从中选择最大益损值所对应的方案作为最优方案。用公式表示为

$$\max_i\{\min_j c_{ij}\}$$

按悲观准则,首先找出每种方案中利润最小的益损值,各方案的最小益损值分别为-2、-10、-20。然后从中选择最大值-2所对应的方案 a_1 作为最优方案。计算过程见表2-21。

表 2-21　按悲观准则进行决策的决策表

行动方案	市场前景				最小值	诸最小值中的最大值
	s_1(很好)	s_2(较好)	s_3(一般)	s_4(很差)		
a_1(利用老厂)	10	5	4	-2	-2	-2*
a_2(扩建老厂)	17	10	1	-10	-10	—
a_3(建立新厂)	24	15	-3	-20	-20	—

* 如果是最小化问题,如最小费用、最小损失等,则应从诸最大值中选取最小值,即大中取小准则,应用的仍然是悲观准则。

（4）折中准则。折中准则考虑到实际发生的情况不完全是最好的,也不完全是最差的。因而引入一个小于1的折中系数 α,计算时在最好的益损值上乘以系数 α,在最差的益损值上乘以（1-α）,然后相加,取其和为最大的方案。用公式表示为

$$\max_i\{\alpha \max_j c_{ij} + (1-\alpha)\min_j c_{ij}\}$$

采用这种准则进行决策时,关键在于选择 α 值。α 值的选取带有很大的主观性。

$\alpha=1$ 时,即为乐观准则;$\alpha=0$ 时,即为悲观准则。

设折中系数 $\alpha=0.7$,则各种方案的期望值分别为

$E(a_1)=0.7\times10+(1-0.7)\times(-2)=6.4$

$E(a_2)=0.7\times17+(1-0.7)\times(-10)=8.9$

$E(a_3)=0.7\times24+(1-0.7)\times(-20)=10.8$

$E(a_3)$ 最大,因此按折中准则应选择方案 a_3。

（5）大中取小准则（最小遗憾准则）。所谓机会损失是指由于没有选择最好的方案而可能损失的益损值。按这种准则进行决策,

首先计算每种方案在同一种自然状态下的机会损失值（遗憾数）：

$$\max_i \{c_{ij}\} - c_{ij}$$

所有遗憾数在决策表中组成后悔矩阵。

然后找出每种方案在各种自然状态下的最大机会损失值，再从中选择机会损失值最小的方案为决策方案（即遗憾最小）。用公式表示为

$$\min_i \{\max_j (\max_i \{c_{ij}\} - c_{ij})\}$$

本例中各种方案的机会损失值见表 2-22。

由表 2-22 中看出，各方案的最大机会损失分别为 14、8、18。

然后再从各方案最大机会损失值中选择最小值 8 相对应的方案 a_2 作为决策方案。

表 2-22　按机会损失准则进行决策的决策表

行动方案	市场前景				最大机会损失	诸最大机会损失中的最小值
	s_1（很好）	s_2（较好）	s_3（一般）	s_4（很差）		
a_1（利用老厂）	24−10=14	15−5=10	4−4=0	−2+2=0	14	—
a_2（扩建老厂）	24−17=7	15−10=5	4−1=3	−2+10=8	8	8
a_3（建立新厂）	24−24=0	15−15=0	4+3=7	−2+20=18	18	—

上面 5 个准则均基于无法预测各自然状态出现概率的情况。一般遇到不确定型决策问题时应尽量找出各种自然状态出现的概率，转变成风险型决策问题，以减少在决策过程中的主观色彩，使决策结果尽量合理。

3 复杂系统建模与仿真

系统、模型、仿真这三个概念是系统工程的一根链条上的三个环节,是一个工作程序上的三个步骤。模型在系统工程中占有重要地位,人们要研究系统,必须借助模型,有了模型才能进行系统运作——系统仿真。只有通过反复仿真,修改模型,才能提出新系统的设计与实施方案。

3.1 复杂系统建模与仿真概述

3.1.1 系统模型与系统建模的定义

系统模型是对实际系统的模仿和抽象,它反映了系统的结构、各部分之间的相互作用,描述了实际系统的物理本质与主要特征。根据系统工程方法论,对大型复杂系统的分析研究必须借助于有效的系统模型才能进行。模型可脱离具体内容对系统进行描述、逻辑演绎和计算,可促进对科学规律、理论、原理的发现。此外,利用模型还可以用较少的时间和费用对实际系统进行研究和试验,可以重复演示和研究,因此更易于洞察系统的行为。

系统建模也称模型化,就是采用一定的方法来描述实际系统的构成和行为,并对系统的各种因素进行适当处理,从而为系统分析研究提供有效模型的过程。图 3-1 给出了实际系统、系统建模与系统模型之间的关系。

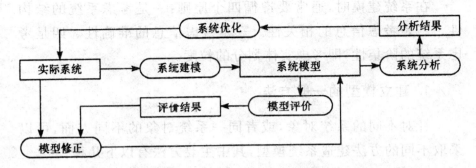

图 3-1　实际系统、系统建模与系统模型之间的关系

系统模型的形式多样,根据不同的分类标准可以划分为多种,如图 3-2 所示。

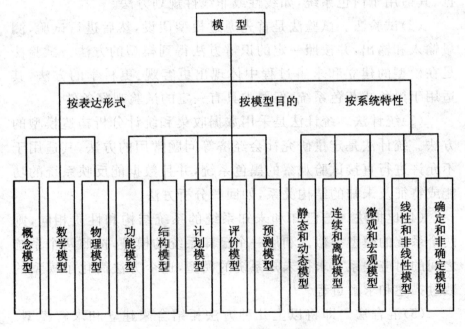

图 3-2　系统模型的分类

3.1.2　系统建模的方法与步骤

系统工程所提供的建模方法非常丰富,针对不同的系统问题,应采用适当的系统建模方法。无论采取哪种建模方法,都应遵循一定的基本原则与步骤。

在系统建模时,通常要遵循四个原则:一是考虑系统的结构性。二是考虑信息的相关性。三是考虑信息的准确性。四是考虑系统的阶集性,即考虑实体划分的粒度。

1. 建立模型的一般方法

针对不同的系统对象,或者同一系统对象的不同方面,可以采取不同的方法建造系统模型,其中主要方法有以下几种。

(1)推理法。推理法是利用已知的定理和定律,经过一定的分析和推导得到模型的方法。推理法是在模型的建立和求解过程中所运用的基本方法,因为建立任何模型都要有一定的理论依据,其适用于白色系统,如线性或非线性规划方法。

(2)试验法。试验法是首先通过模型假设,然后进行试验,测量输入和输出,并按照一定的识辨方法得到模型的方法。试验法是在模型的建立和求解过程中体现出更客观、更科学的方法,其适用于黑色或灰色系统,但要求具有一定的试验观察条件。

(3)统计法。统计法是采用数据收集和统计分析构造模型的方法。统计法是定量研究社会经济等问题常用的方法,其适用于不允许进行直接试验观察的黑色系统,并且数据能反映系统的功能或特征及未知的结构关系,如回归分析方法。

(4)比拟法。若已知和未知系统的系统结构和性质相同,则两个系统的模型类似。利用一个已知系统的模型,按照两个系统之间的对应关系可求得未知系统的模型,这个方法简化了模型的数量描述和求解过程。

(5)混合法。即将以上几种方法相结合来建立和求解模型。事实上,由于现实问题的复杂性和多样性,以及追求解决问题时的严密性和科学性,在运用系统工程方法建立模型解决问题时,常常是根据实际问题将以上几种方法有选择地结合使用。

2. 系统建模的一般步骤

根据系统分析人员对问题的理解程度、对系统结构的洞察力及实践中的训练和技巧,系统建模的步骤并不是千篇一律的。一般情况下,系统建模通常遵循以下 7 个步骤。

(1)明确建模的目的和要求,以使所建模型满足实际需要,不至于产生过大的偏差。此时可采用工业工程的 5W1H 提问技术,即:

①What:研究什么问题? 对象系统(问题)的要素是什么(问题与哪些因素有关)?

②Why:为什么研究该问题? 研究的目的或希望的状态是什么?

③Where:系统边界和环境如何?

④When:分析的是什么时候的情况?

⑤Who:决策者、行动者、所有者等关键主体是谁(问题与谁有直接关系)?

⑥How:如何实现系统的目标状态?

(2)对系统进行一般语言描述,形成初步的系统概念模型。这是进一步确定模型结构的基础。

(3)分清系统中的主要因素及其相互关系。对于无关因素和次要因素可考虑去除和简化,以便使模型准确、清晰地表示现实系统。

(4)采用适当的建模方法确定模型结构。这是关键的一步,它基本上决定了具体的建模方法和定量方面的内容。这一步主要采用理论分析法思考,并可适当采取模型的简化方法,如减少系统层次、去除次要变量、简化变量性质、合并实体或变量、简化函数关系和约束条件。

(5)估计模型中的参数,进一步用数量来表示系统中的因果关系。对于不明确的参数,可用数值分析法和 Delphi 法来获取。

(6)试验研究。有些情况下,系统的结构因素不是很确定,因而需要对构建的模型进行试验研究,以确定系统结构。对于确定的系统结构,可通过试验研究对模型进行正确性和有效性验证,找出模型的不足之处并提出修改方案。

(7)模型修正。根据试验结果提出的修改方案对所建模型做出必要的修改。

3.1.3　系统仿真的定义

所谓系统仿真,就是根据系统分析的目的,在分析系统各要素性质及其相互关系的基础上,建立能描述系统结构或行为过程,且具有一定逻辑关系或数学方程的仿真模型,据此进行试验或定量分析,以获得正确决策所需的各种信息。

系统仿真是一种对系统问题求数值解的计算技术。尤其是当系统无法建立数学模型求解时,仿真技术能有效地处理这类问题。

仿真是一种人为的试验手段,进行类似于物理试验、化学试验那样的试验。它和现实系统试验的差别在于,仿真试验不是依据实际环境,而是作为实际系统映象的系统模型在相应的"人造"环境下进行的。这是仿真的主要功能。

在系统仿真时,尽管要研究的是某些特定时刻的系统状态或行为,但仿真过程也恰恰是对系统状态或行为在时间序列内全过程的描述。换句话说,仿真可以比较真实地描述系统的运行、演变及其发展过程。

现代仿真技术均是在计算机支持下进行的,因此,系统仿真也称为计算机仿真。系统仿真有三个基本活动,即系统建模、仿真建模和仿真试验,联系这三个活动的是系统仿真的三要素,即系统、模型、计算机(包括硬件和软件)。它们之间的关系如图 3-3 所示。

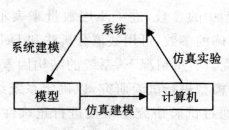

图 3-3　系统仿真三要素关系图

　　由上可知,实施一项系统仿真的研究工作,必须要做好三个方面的准备工作,即系统对象、系统模型和计算机工具。因此,从这三个方面出发可以对系统仿真进行基本的分类,如图 3-4 所示。

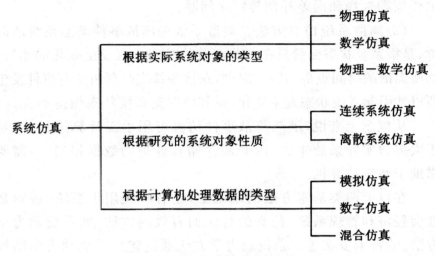

图 3-4　系统仿真的分类

3.1.4　系统仿真的方法与步骤

1. 系统仿真的基本方法

　　系统仿真的基本方法是建立系统的结构模型和量化分析模型,并将其转换为适合在计算机上编程的仿真模型,然后对模型进行仿真试验。由于连续系统和离散(事件)系统的数学模型有很大差别,所以系统仿真方法基本上可分为两大类,即连续系统仿真方法和离散系统仿真方法。

　　(1)连续系统仿真方法。连续系统是指系统中的状态变量随时间连续地变化的系统。由于连续系统数学模型主要描述每一实体的变化速率,故数学模型通常是由微分方程组成。当系统比较复杂,尤其是包含非线性因素时,这种微分方程的求解就非常困难,因此要借助仿真技术。其基本思想为:将用微分方程所描述的系统转变为能在计算机上运行的模型,然后进行编程、运行或其他处理,以得到连续系统的仿真结果。连续系统仿真方法根据仿真时所采用计算机的不同,可分为模拟仿真法、数字仿真法及混合仿真法。在连续系统仿真中,还需要解决仿真任务分配、采样周期选择和误差补偿等特殊问题。

(2)离散系统仿真方法。离散系统是离散事件动态系统的简称,是指系统状态变量只在一些离散的时间点上发生变化的系统。这些离散的时间点称为特定时刻,在这些特定时刻由于有事件发生所以才引起系统状态发生变化,而其他时刻系统状态保持不变。

从概念上来说,虽然离散事件仿真可用手工计算进行,但对于大多数实际系统来说,因必须存储和处理的数据相当大,需要借助于数字计算机。

在以上两类基本方法的基础上,还有一些用于系统(特别是社会经济和管理系统)仿真的特殊而有效的方法,如系统动力学方法、蒙特卡罗法等。系统动力学方法通过建立系统动力学结构模型(流图等)、利用 DYNAMO 仿真语言在计算机上实现对真实系统的仿真试验,从而研究系统结构、功能和行为之间的动态关系。该方法不仅仅是一种系统仿真方法,其方法论还充分体现了系统工程方法的本质特征。

2. 系统仿真的一般步骤

仿真是解决问题的一种方法论,而不是一个特殊的算法。系统仿真的一般步骤如图 3-5 所示。

(1)定义问题。定义问题主要了解系统的环境、目标和特性,彻底了解系统的每个组成部分及其与系统中其他组成部分的相互作用。

(2)制定仿真模型。从制定仿真模型的过程来看,又可包括下列 5 个步骤:

①决定仿真的目标。

②决定状态变量。

③选择模型的时间转移方法。

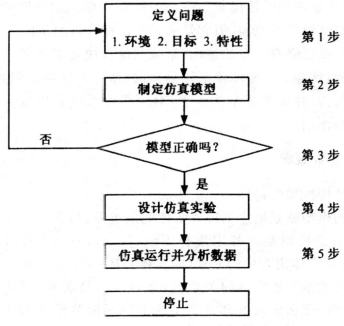

图 3-5　系统仿真的一般步骤

④描述运用行为。

⑤准备过程发生器。

(3)证实模型。一些特殊的计算机编程的语言自动提供了各种过程发生器,控制仿真模型的时间,记录状态值,甚至帮助建立模型。

(4)设计仿真试验。因为仿真一般包括随机事件、概率分布等,一系列仿真的运行实质上是统计试验,因此要加以设计。

(5)仿真运行并分析数据。根据试验设计,将仿真模型加以运行并分析其结果。

3.2　系统工程中常用的模型及其建模方法

3.2.1　结构模型及其建模方法

结构模型是图形模型中的一种,是图论和矩阵相结合的技术,主要用来刻画大规模复杂系统的结构特征。结构模型基本上还属于定性模型的范畴,但它是进一步定量分析的基础。

凡是系统必有一定的结构,系统的结构决定系统的功能。破坏该结构,就会完全破坏该系统总体的、特定的功能。因此,研究系统的结构,并从系统结构入手,对于研究系统整体具有普遍意义和重要作用。

1. 基本概念

1)结构模型的特性

结构模型就是描述系统各实体间的关系,以表示一个作为实体集合的系统模型。若用集合 $S = \{S_1, S_2, \cdots, S_n\}$ 表示实体集合,S_i 表示实体集合中的元素(即实体),$R = \{[x, y] | W(x, y)\}$ 表示在某种关系下各实体间关系值(是否存在关系 W,可用 $0,1$ 表示)的集合,那么集合 S 和定义在 S 上的元素关系 R 就表示了系统在关系 W 下的结构模型,记为 $\{S, R\}$。结构模型可用有向连接图或矩阵来描述,图 3-6 为分别用有向图和树图表示的结构模型。

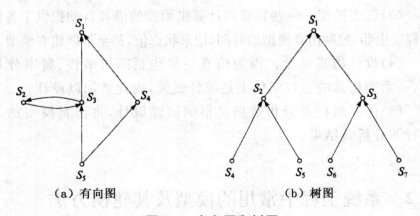

(a) 有向图　　　　　　　　　　(b) 树图

图 3-6　有向图和树图

2)邻接矩阵及其特性

由图 3-6 可知,有向连接图与邻接矩阵有一一对应关系,因此结构模型可用邻接矩阵来表示。结构模型 $\{S, R\}$ 的邻接矩阵 A

可定义为:设系统实体集合 $S=\{S_1,S_2,\cdots,S_n\}$,则 $n\times n$ 矩阵 $\boldsymbol{A}$ 的元素 a_{ij} 为

$$a_{ij}=\begin{cases}1,S_iRS_j & (R\text{ 表示 }S_i\text{ 与 }S_j\text{ 有关系})\\0,S_i\overline{R}S_j & (\overline{R}\text{ 表示 }S_i\text{ 与 }S_j\text{ 无关系})\end{cases}$$

例如,包含 4 个实体的系统 $S=\{1,2,3,4\}$,其有向图如图 3-7 所示。

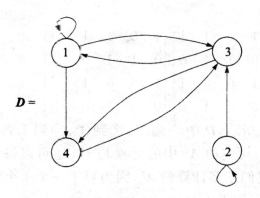

$$\boldsymbol{D}=$$

图 3-7　有向图示例

对应的邻接矩阵为

$$\boldsymbol{A}=\begin{array}{c}\\1\\2\\3\\4\end{array}\begin{array}{c}1\quad2\quad3\quad4\\\begin{bmatrix}1 & 0 & 1 & 1\\0 & 1 & 1 & 0\\1 & 0 & 0 & 1\\0 & 0 & 1 & 0\end{bmatrix}\end{array}$$

邻接矩阵是布尔矩阵,它们的运算遵守布尔代数的运算法则。有向图 $\boldsymbol{D}$ 和邻接矩阵 $\boldsymbol{A}$ 之间有以下特性:

(1)有向图 $\boldsymbol{D}$ 和邻接矩阵 $\boldsymbol{A}$ 一一对应。

(2)邻接矩阵 $\boldsymbol{A}$ 中,如果有元素全为零的列,其所对应的节点称为源点或输入节点;如具有元素全为零的行,其所对应的节点称为汇点或输出节点。

(3)如果在有向图 $\boldsymbol{D}$ 中,从 S_i 出发经过 k 条边可达到 S_j,则称 S_i 到 S_j 存在长度为 k 的通路,此时矩阵 $\boldsymbol{A}^k$ 的第 i 行第 j 列元

素$(i,j)=1$，否则为 0。由于弧是长度为 1 的通路，邻接矩阵 A 表示其节点间是否存在有长度为 l 的通路；A 的每一行中元素为 1 的个量，就是离开对应节点的有向边数；A 的每一列中元素为 1 的个量，就是进入该点的有向边数。

（4）由矩阵 A^k 的意义可知，矩阵 $\bigcup\limits_{l=0}^{k} A^l$ 表示节点间是否存在长度小于等于 k 的通路。

如上可得

$$A^2 = \begin{bmatrix} 1 & 0 & 1 & 1 \\ 0 & 1 & 1 & 0 \\ 1 & 0 & 0 & 1 \\ 0 & 0 & 1 & 0 \end{bmatrix} \begin{bmatrix} 1 & 0 & 1 & 1 \\ 0 & 1 & 1 & 0 \\ 1 & 0 & 0 & 1 \\ 0 & 0 & 1 & 0 \end{bmatrix} = \begin{bmatrix} 1 & 0 & 1 & 1 \\ 1 & 1 & 1 & 1 \\ 1 & 0 & 1 & 1 \\ 1 & 0 & 0 & 1 \end{bmatrix}$$

如图 3-7 所示，D 中②到①、②到④、④到①都是可达的，并且"长度"为 2，对应的 A^2 中的元素是 1。还可以进一步计算 A^3，A^4，…，但是我们至多计算到 A^4，因为对于一个 4 个单元组成的系统，"长度"小于等于 4。

3）可达矩阵及其计算

有向图 $D=\{S,R\}$ 中，对于 $S_i,S_j \in S$，如果从 S_i 到 S_j 有任何一条通路存在，则称 S_i 可达 S_j。可达矩阵是用矩阵形式来描述有向连接图各节点之间经过一定长度的通路后可达到的程度。有向图 D 的可达矩阵 M 可定义为：设系统实体集合 $S=\{S_1,S_2,\cdots,S_n\}$，则 $n \times n$ 矩阵 M 的元素 m_{ij} 为

$$m_{ij} = \begin{cases} 1, S_i \text{ 可达 } S_j \\ 0, S_i \text{ 不可达 } S_j \end{cases} \text{，且 } m_{ii}=1 \text{（即认为每个节点均自身可达）}$$

可达矩阵与邻接矩阵存在着必然的联系，可达矩阵可根据邻接矩阵计算出来：

$$M = \bigcup\limits_{l=0}^{n-1} A^l = (A \bigcup I)^{n-1} = (A \bigcup I)^n$$

在实际计算中，有时不用进行 n 次计算，就可得到可达矩阵 M。其计算步骤为

$$A_1 = A \bigcup I, A_2 = (A \bigcup I)^2, \cdots, A_{r-1} = (A \bigcup I)^{r-1}$$

$$M = A_r = A_{r-1} \neq A_{r-2} \neq \cdots \neq A_1, r \leqslant n-1$$

或者计算 $(A \cup I)$ 的偶次幂 $(A \cup I)^2, (A \cup I)^4, (A \cup I)^8, \cdots$

如果

$$(A \cup I)^{2^{i-1}} \neq (A \cup I)^{2^i} \neq (A \cup I)^{2^{i+1}}$$

则

$$M = (A \cup I)^{2^i}$$

利用可达矩阵还可判断是否存在回路和构成回路的元素。在可达矩阵中,如具不同元素对应的矩阵的行和列都相同,则其有向图中的这些元素构成回路。

例如:

$$I \cup A = \begin{bmatrix} 1 & 0 & 1 & 1 \\ 0 & 1 & 1 & 0 \\ 1 & 0 & 1 & 1 \\ 0 & 0 & 1 & 1 \end{bmatrix}$$

$$(I \cup A)^2 = \begin{bmatrix} 1 & 0 & 1 & 1 \\ 0 & 1 & 1 & 0 \\ 1 & 0 & 1 & 1 \\ 0 & 0 & 1 & 1 \end{bmatrix} \begin{bmatrix} 1 & 0 & 1 & 1 \\ 0 & 1 & 1 & 0 \\ 1 & 0 & 1 & 1 \\ 0 & 0 & 1 & 1 \end{bmatrix} = \begin{bmatrix} 1 & 0 & 1 & 1 \\ 1 & 1 & 1 & 1 \\ 1 & 0 & 1 & 1 \\ 1 & 0 & 1 & 1 \end{bmatrix}$$

$$(I \cup A)^4 = (I \cup A)^2 \cdot (I \cup A)^2$$

$$= \begin{bmatrix} 1 & 0 & 1 & 1 \\ 1 & 1 & 1 & 1 \\ 1 & 0 & 1 & 1 \\ 1 & 0 & 1 & 1 \end{bmatrix} \begin{bmatrix} 1 & 0 & 1 & 1 \\ 1 & 1 & 1 & 1 \\ 1 & 0 & 1 & 1 \\ 1 & 0 & 1 & 1 \end{bmatrix} = \begin{bmatrix} 1 & 0 & 1 & 1 \\ 1 & 1 & 1 & 1 \\ 1 & 0 & 1 & 1 \\ 1 & 0 & 1 & 1 \end{bmatrix} = (I \cup A)^2$$

则可达矩阵为

$$M = (A \cup I)^2 = \begin{bmatrix} 1 & 0 & 1 & 1 \\ 1 & 1 & 1 & 1 \\ 1 & 0 & 1 & 1 \\ 1 & 0 & 1 & 1 \end{bmatrix}$$

在可达矩阵 M 中,元素 3 和 4 所对应的行和列都相同,则元素 3 和 4 构成了回路。

2. 结构模型的建立

结构模型的建立要用人－机对话方式经过多次迭代才能实现,如图 3-8 所示。

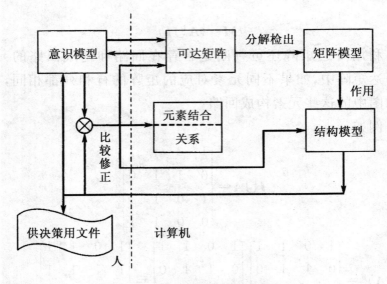

图 3-8　建立结构模型示意图

构模人员根据对系统的部分了解和调查所形成的有关系统结构方面的知识(称为意识模型),输入计算机去构成相应的矩阵(邻接矩阵或可达矩阵),经过计算机处理后即可得到结构模型。一般需经过多次人－机对话,不断修正,才能得到满意的结构模型。但是对于某些系统来说,特别是社会经济系统,可达矩阵较易得到,即根据经验判断和讨论容易知道要素 S_i 和 S_j 之间有无直接或间接的关系。

(1)可达矩阵。求可达矩阵是建立结构模型的第一步。利用可达矩阵判断有向图是否存在构成回路的元素,若有,只需在这些元素中选择其中一个,去掉组成回路的其他元素。同时,在可达矩阵中把去掉的元素所对应的行和列删除,形成不存在回路的可达矩阵。

（2）层次级别的划分。求取可达矩阵以后,可由可达矩阵寻求系统结构模型。因此需要对可达矩阵给出的各单元间的关系加以划分。

在有向图中,对于每个元素 S_i,把 S_i 可到达的元素汇集成一个集合,称为 S_i 的可达集 $R(S_i)$,也就是可达矩阵中 S_i 对应行中所有矩阵元素为 1 的列所对应的元素集合;再把所有可能到达 S_i 的元素汇集成一个集合,称为 S_i 的前因集 $A(S_i)$,也就是可达矩阵中 S_i 对应列中所有矩阵元素为 1 的行所对应的元素集合。即

$$R(S_i)=\{S_i\in S\,|\,m_{ij}=1\},A(S_i)=\{S_j\in S\,|\,m_{ji}=1\}$$

其中,S 为全体元素的集合,m_{ij} 是可达矩阵的元素。

在多层结构中(不存在回路),它的最高级元素不可能达到比它更高级的元素,它的可达集 $R(S_i)$ 只能是它本身,它的前因集 $A(S_i)$ 则包含它自己和可达到它的下级元素。如果不是最高级元素,它的可达集 $R(S_i)$ 中还有更高级元素。所以,元素 S_i 为最高级元素的充要条件是

$$R(S_i)=R(S_i)\bigcap A(S_i)$$

得到最高级元素后,暂时划去可达矩阵中最高级元素所对应的行和列,按上述方法可继续寻找次高级元素,以此类推,可找到各级元素。用 $L_1,L_2,\cdots,L_k$ 表示层次结构中从上到下的各级。

下面介绍建立模型的算法。

如前所述,对于实际问题,因手算量太大,以致实现困难,这里给出计算机应用程序算法。

①输入邻接目录表示法的有关邻接关系信息。

②生成邻接矩阵 A 与同阶邻接矩阵 I。

③计算 $M=(A\bigcup I)^r=(I\bigcup A)^{r-1}$,$M$ 为二维数组,计算按布尔运算法则,即 $(I\bigcup A)$ 的对应元素值等于 I 和 A 中相应元素的大者。

④找出 M 中 i 行为 1 的元素,赋给二维数组 $P(i,j)$,$i=1,2,\cdots,n;j=1,2,\cdots,S_i$($i$ 行为 1 的元素个数)。

⑤找出 M 中 i 列为 1 的元素,赋给二维数组 $R(i,j)$,$i=1$, $2,\cdots,n$;$j=1,2,\cdots,T_i$(i 列为 1 的元素个数)。

⑥对于 $i,k=1,2,\cdots,n$,$i\neq k$;$j_1=1,2,\cdots,S_i$;$j_2=1,2,\cdots$, T_i;判断 $P(i,j_1)$ 和 $P(k,j_2)$ 是否有相同的元素。有相同元素,则 i 和 k 同属一区,否则不同区。

⑦对于 $i=1,2,\cdots,n$;$j_1=1,2,\cdots,S_i$;$j_2=1,2,\cdots,T_i$;依次找出 $P(i,j_1)$ 和 $R(i,j_2)$ 的共同元素与 $P(i,j_2)$ 元素相同的元素,找出的次序即为分级的顺序。

⑧删去第⑦步所找出的相同元素,返回第⑦步继续,直到找完所有的元素。

关于结构模型实际上还有相当多的理论与算法步骤,此处只给出其中一些最基本的概念。

3.2.2　状态空间模型及其建模方法

研究动态系统的行为,常采用两种既有联系又有区别的方法,即输入—输出法和状态变量法。输入—输出法只研究系统的端部特性,不研究系统的内部结构,常用传递函数来表示。状态变量法可揭示系统的内部特征,可用于表示线性或非线性、时变或时不变、多输入多输出等系统,且更适用于计算机仿真与应用,故得到广泛的应用。

定义系统的状态是影响到将来行为的历史的总结。因此,知道系统在任一时刻的状态,在输入已知时就能知道该时刻后的系统行为。系统的状态可由一些称为状态变量的变量来描述。因此,当状态变量的结合表示系统的状态,用系统的状态来描述系统的行为称为状态空间描述。对应地,系统的模型称为状态空间模型。联系状态变量与输入变量的一组方程称为状态方程。联系状态变量、输入变量与输出变量的一组方程称为输出方程。

1. 连续系统的数学模型

连续动态系统的数学模型是微分方程,刻画系统的动态变量

（状态变量的导数或高阶导数）对状态变量的依存关系及状态变量之间的相互影响。

【例 3-1】　$y^{(n)} + a_1 y^{(n-1)} + \cdots + a_{n-1} y' + a_n y = u$

令

$$\begin{cases} x_1 = y \\ x_2 = y' \\ \vdots \\ x_{n-1} = y^{(n-1)} \end{cases}$$

则

$$\begin{cases} \dot{x}_1 = x_2 \\ \dot{x}_2 = x_3 \\ \vdots \\ \dot{x}_n = y^{(n-1)} = -a_n x_1 - a_{n-1} x_2 - \cdots - a_1 x_n + u \end{cases}$$

故状态方程为

$$\boldsymbol{X} = \begin{pmatrix} \dot{x}_1 \\ \dot{x}_2 \\ \vdots \\ \dot{x}_n \end{pmatrix} = \begin{pmatrix} 0 & 1 & 0 & \cdots & 0 \\ 0 & 0 & 1 & \cdots & \vdots \\ \vdots & \vdots & \vdots & & 1 \\ -a_n & -c_{n-1} & -a_{n-2} & \cdots & -a_1 \end{pmatrix} \begin{pmatrix} x_1 \\ x_2 \\ \vdots \\ x_n \end{pmatrix} + \begin{pmatrix} 0 \\ 0 \\ \vdots \\ 1 \end{pmatrix} u$$

$$= \boldsymbol{AX} + \boldsymbol{BU}$$

这里 $\boldsymbol{U} = (u)$。

因为 $y = x_1$，故有输出方程：

$$\boldsymbol{y} = \boldsymbol{C}^{\mathrm{T}} \boldsymbol{x} = (1, 0, \cdots, 0) \begin{pmatrix} x_1 \\ x_2 \\ \vdots \\ x_n \end{pmatrix}$$

　　线性连续动态系统的数学模型为线性常微分方程，既可以使用一元高阶方程，也可以使用多元一阶联立方程组来描述。其一般形式为

$$\begin{cases} \dot{X} = AX + BU \text{(状态方程)} \\ \\ Y = CX + DU \text{(输出方程)} \end{cases}$$

$A_{n \times n}$ 为状态转移矩阵，

$B_{n \times m}$ 为输入分配矩阵

$C_{r \times n}$ 为输出系数矩阵，

$D_{r \times m}$ 为输入输出矩阵

式中，X 为 n 维纵向量；U 为 m 维纵向量；Y 为 r 维纵向量。

若 $U = 0$，即系统未加输入，则该系统为自由系统；否则为强制系统。若 A、B、C、D 矩阵中的元素有些或全部是时间的函数，则为线性时变系统；否则为线性定常系统。

上述变换将 n 阶一元微分方程转变为四维一阶微分方程，表达简洁，便于分析。

2. 离散系统的数学模型

设离散系统的状态变量为 $x_1(t), x_2(t), \cdots, x_n(t)$，在任意时刻系统的输出 $y(t)$ 可由这些状态在 t 的数值和输入 $u(t), u(t+1)$，$u(t+2), \cdots$ 算出。对于因果系统[即 $y(t)$ 与将来的输入 $u(t+1)$，$u(t+2), \cdots$ 无关的系统]有

$$y = f[x_1(t), x_2(t), \cdots, x_n(t), u(t)]$$

系统状态将随时间而变化，因此状态变量的值要修正。计算时刻 $(t+1)$ 的状态变量可由时刻 t 的状态变量值和时刻 t 的输入值决定，即

$$x_1(t+1) = g_1[x_1(t), x_2(t), \cdots, x_n(t), u(t)]$$
$$x_2(t+1) = g_2[x_1(t), x_2(t), \cdots, x_n(t), u(t)]$$
$$\vdots$$
$$x_n(t+1) = g_n[x_1(t), x_2(t), \cdots, x_n(t), u(t)]$$

这些方程即为系统状态方程。如果给出系统的输入 $u(t)(t \geqslant t_0)$，以及系统在 $t = t_0$ 的状态，则可求出输出 $y(t)(t \geqslant t_0)$。在 t_0 的状态称为系统的初始状态。

若系统输出方程和状态方程系数是常数，则该系统称为时不变系统（或定常系统）。否则称为时变系统。

(1)连续变量的离散化。

$$\dot{X}(t) \approx \frac{X(t+h)-X(t)}{h}=AX(t)+BU(t)$$

$$(U \text{ 在区间} [t,t+h] \text{为定量})$$

$$X(t+h)=X(t)+hAX(t)+hBU(t)=(I+hA)X(t)+BhU(t)$$

$$(I \text{ 为单位矩阵})$$

改写为

$$X(t+h)=A^*X(t)+B^*U(t)$$

即将连续变量离散化。

对于线性定常离散系统(有 n 个状态变量、m 个输入和 r 个输出),可用下列矩阵方程来描述

$$\begin{cases} x(k+1)=AX(k)+BU(k) \\ y(k)=CX(k)+DU(k) \end{cases} \quad (k=0,1,2,3,\cdots)$$

(2)差分方程寻出离散变量。

很多离散系统的输入输出关系可用差分方程来描述。应当指出差分方程的描述可以变为状态方程的描述。

【例 3-2】 $Y(t)+C_1Y(t-1)+C_2Y(t-2)+\cdots+C_rY(t-r)=U(t)$

令

$$\begin{cases} x_1(t)=y(t-r) \\ x_2(t)=y(t-r+1) \\ \vdots \\ x_r(t)=y(t-1) \end{cases}$$

则可得下列状态方程:

$$\begin{cases} x_1(t+1)=x_2(t) \\ x_2(t+1)=x_3(t) \\ \vdots \\ x_{r-1}(t+1)=x_2(t) \\ x_r(t+1)=-c_rx_1(t)-c_{r-1}x_2(t)-\cdots-c_1x_r(t)+u(t) \end{cases}$$

即

$$X(t+1)=\begin{bmatrix} x_1(t+1) \\ x_2(t+1) \\ \vdots \\ x_n(t+1) \end{bmatrix}=\begin{bmatrix} 0 & 1 & 0 & \cdots & 0 \\ 0 & 0 & 1 & \cdots & 0 \\ \vdots & \vdots & \vdots & & 1 \\ -c_r & -c_{r-1} & -c_{r-2} & \cdots & -c_1 \end{bmatrix}X(t)$$

$$+\begin{bmatrix} 0 \\ 0 \\ \vdots \\ 1 \end{bmatrix}U(t)$$

3.2.3　IDEF0 模型及其建模方法

1. 基本概念

1981 年,美国空军公布的一体化计算机辅助制造(Integrated Computer Aided Manufacturing,ICAM)工程项目中应用了一种名为"IDEF"(ICAM Definition Method)的方法。该方法是在结构化系统分析与设计技术的基础上提出的一种用于复杂系统分析与设计的方法。该方法包括:

(1)IDEF0——用于描述系统的功能活动及其联系,建立系统的功能模型。

(2)IDEF1——用于描述系统的信息及其联系,建立系统的信息模型。

(3)IDEF2——用于进行系统模拟,建立系统的动态模型。

(4)IDEF3——用于并行工程中的过程描述和表示。

(5)IDEF4——一种面向对象的设计方法。

(6)IDEF5——一种基于知识的系统设计方法。

IDEF0 方法利用所规定的图形符号和自然语言,按照自顶向下、逐层分解的结构化方法描述和建立系统的功能模型,即刻画系统中的功能活动及其相互关系。IDEF0 方法已被广泛应用于制造系统中计算机应用系统的分析与设计领域,并取得了令人满意的效果。IDEF0方法的特点是：

（1）通过简单的图形符号和自然语言来清楚、全面地描述系统。

（2）采用严格的自顶向下、逐层分解的结构化方法来建立系统功能模型。

（3）明确系统功能和系统实现之间的差别，即系统应该完成什么样的功能，系统的指定功能是如何实现的。

（4）通过严格的人员分工、评审、文档管理等程序来控制所建模型的完整性与准确性。

2. IDEF0 的基本符号说明

IDEF0 模型采用简单的图形符号和简洁的文字来说明描述系统的功能活动及各功能活动之间的关系。

在该模型中，主要用盒子及其接口箭头来表示整个系统的来龙去脉及内外关系。盒子主要用于表示系统功能，称为活动，相应的表示图形称为活动图形。活动图形一般用方框表示，用动词短语描述系统功能或事物，即系统名称；在盒子的右下角用数字标注活动在整个图中的序号，如图 3-9 所示。

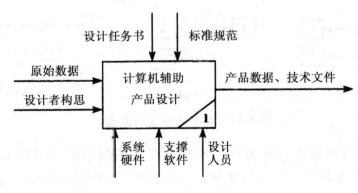

图 3-9　活动示例

盒子四边的箭头代表该功能活动的输入、输出、控制与机制，一般采用名称短语作为标记，如图 3-10 所示。输入、输出箭头表示活动进行的是什么，控制箭头表示为什么这么做，而机制箭头表示活动如何做或由什么来完成。

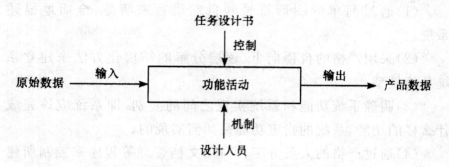

图 3-10　输入、输出、控制与机制箭头

此外,通过各种规定的箭头的画法,可以清楚地表示功能活动之间的反馈、迭代、数据共享、触发顺序等关系。在 IDEF0 图中,根据不同的情况,箭头可以采用下列表示方法:

(1)分支箭头。箭头的分支可以表示同一个数据可供多个活动使用,如图 3-11a 所示;也可以表示同一数据的不同部分供不同活动使用,如图 3-11b 所示。

(2)联合箭头。联合箭头用来表示多个活动产生同一类数据,如图 3-11c 所示,活动 1、2 均输出数据 A。

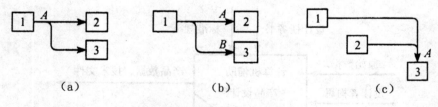

(a)　　　　　　　　　(b)　　　　　　　　　(c)

图 3-11　箭头的分支与联合

(3)双向箭头。互为输入或互为控制的两个活动可用双向箭头连接。如图 3-12a 为互为输入,而图 3-12b 为互为控制,图中的"."表示强调注意。

(4)虚箭头。虚箭头表示活动的触发顺序,如图 3-13 所示,活动间的触发顺序为 1→2→3。

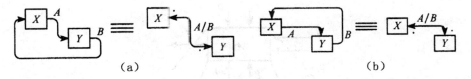

图 3-12 双向箭头

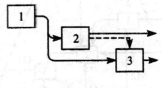

图 3-13 虚箭头

(5)通道箭头。通道箭头代表一些在某些情况下没有用处的箭头,如图 3-14a 所示的通道箭头在下一子图中不会出现,图 3-14b 表示该箭头是子图中的一个必要接口,与父图无关;或有共同理解,在父图中不表示也可。

为了清楚地表示父图与子图之间的对应关系,保证各个层次的一致性,IDEF0 采用 ICOM 码来说明父子图中的箭头关系。具体方法是:把子图中每个边界箭头的开端分别用字母 I、C、O、M 来表示输入(Input)、控制(Control)、输出(Output)及机制(Mechanism),再用一数字表示父图上箭头的相应位置,编号次序是从上到下,自左至右。例如,图 3-15 中活动 2 的控制 C1,表示是其父图活动 A 的第一个控制口。ICOM 码是保证父图与子图开端箭头一致性的有效工具。

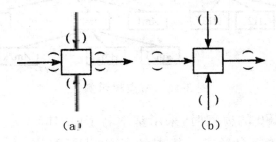

图 3-14 通道箭头

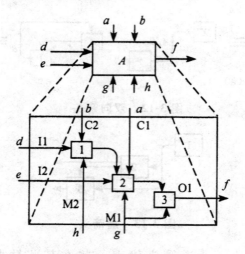

图 3-15　ICOM 码示例

此外，IDEF0 的模型具有层次，为了标识图形在整个模型中的位置，IDEF0 采用节点号来表示。图形中所有的节点都以字母 A 开头，最顶层的图形为 A-0，在 A-0 以上用一个盒子来表示整个的系统内外关系，称为内外关系图，该图的编号为 A-0（读 A 杠 0）。每个节点号把父图的编号与子模块在父图中的编号组合起来，形成图 3-16 中的节点树。

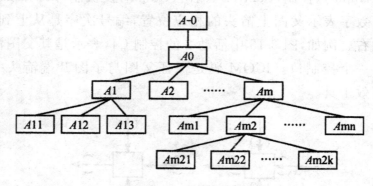

图 3-16　节点树示例

叙述 IDEF0 的模型时，采用基本名字（主体）＋/＋子名字（该层的模型名）的组合形式。基本名字＋/＋子名字＋/＋节点号表示该层模型中的某个图形或方框。例如，MAIN/MODEL/A3 这一名字，其中 MAIN 是主体，MODEL 是模型名，A3 是节点号。

3. IDEF0 的建模步骤

采用 IDEF0 方法建立系统功能模型的一般步骤如图 3-17 所示，其中实线反馈代表较为频繁的反馈，虚线反馈代表不太频繁的反馈。对该建模方法的说明如下所述。

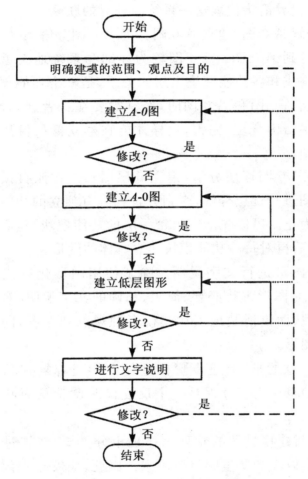

图 3-17　IDEF0 建模基本步骤

（1）明确建模的范围、观点和目的。清晰明确的建模范围是建立功能模型的前提条件。建模的观点是指从什么角度进行建模。一般来说，建模要采取全局和整体的观点，兼顾系统的各个部分,才能保证所建功能模型的合理性。建模的目的是指所研究问题的意图及研究理由,说明了建模的依据和出发点。

(2)建立系统的内外关系图(A-0图)。A-0图抽象地描述了所研究问题的内容、边界和外部接口。A-0图由一个盒子和ICOM四个方面的边界箭头组成,盒子代表整个需要进行功能建模的系统,边界箭头代表这一系统与外界的联系。

(3)分解A-0图,建立A-0图。把A-0图分解为3～6个主要部分就可得到A-0图。A-0图较为详细和系统地表示了整个系统的功能构成和各功能模块之间的关系,是整个功能模型的顶层图。在建立A-0图和A-0图时,经常需要在二者之间反复修改,以保证顶层结构合理、完善,这样才能在建立低层模型时不致再有大的改动。

(4)将A-0图逐层分解,建立低层图形。按照自顶向下的方法对A-0图进行逐层分解,直到分解到具有独立的功能含义的最底层模块为止。可以先确定出每一层的功能模块,建立合理的功能树图,然后再对每一功能模块建立具体的图形。

(5)对图形进行文字说明。除了使用图形化方式建立模型外,还需要对图形进行必要、简短、精确的文字说明,对图形进行补充说明,从而更清楚地表达建模者的观点和意图,同时也利于读者阅读图形。

值得注意的是,上述步骤在进行中伴随着复查和审阅等程序,因此 IDEF0 建模过程是一个反复修改调整从而不断完善的过程。

此外,对建模过程的管理工作也十分重要,忽视过程的管理是影响建模效率和质量的重要因素。因此,应安排专门的文档管理人员按照严格的制度进行存档、备份、传送和版本管理。

4. IDEF0 建模应用案例

在某企业工程设计系统规划中,采用了 IDEF0 方法来构建未来系统的功能模型,图 3-18 为工程设计系统的功能树图,图 3-19

为产品设计分系统的功能模型图。

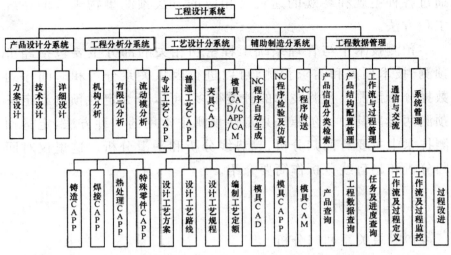

图 3-18 某企业工程设计系统的功能树图

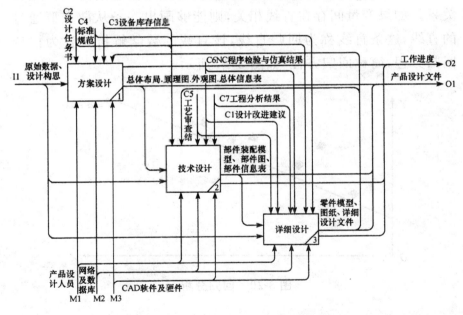

图 3-19 产品设计分系统的功能模型图

3.2.4 预测模型

预测是对事物的发展方向、进程和可能导致的结果进行推断与测算。预测技术是一种在调查研究事物历史和现状的基础上，通过各种主观和客观的途径及相应的方法预测事物未来的系统工程方法。

预测技术中与管理系统工程密切相关的部分主要包括经济预测、技术预测和需求预测，可以进行因果关系分析和时间序列数据分析预测。预测技术的种类很多，可以分为定性预测和定量预测两类。其中德尔菲法是定性预测中常用的一种方法，定量预测技术中主要有回归分析、趋势线分析和平滑分析。这里仅对回归分析和趋势线分析作简要介绍。

1. 回归分析

1）因果关系回归分析

在研究拟合曲线时，我们关注得较多的是变量间的线性相关关系。如果变量间存在直线相关，则能够画出一条从散点群通过的直线，这条直线称为回归直线，该直线的数学解析式称为拟合回归方程，简称回归方程，如图 3-20 所示。

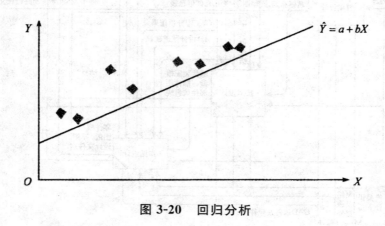

图 3-20　回归分析

回归方程写为

$$\bar{Y} = a + bX$$

式中，X 为自变量的观察值；$\bar{Y}$ 为因变量的拟合值；a 为回归直线的截距；b 为回归直线斜率。

　　拟合直线回归方程的条件是：根据已知数据（X 和 Y 诸观察值）求得的 a 和 b，应使得 $\sum(Y-\overline{Y})^2$ 有极小值。a 和 b 一般应用最小二乘法原理来计算，计算公式如下：

$$b = \frac{\sum XY - n\overline{X}\,\overline{Y}}{\sum X^2 - n\overline{X}^2}$$

$$a = \overline{Y} - b\overline{X}$$

　　求出 a 和 b，即可写出回归方程 $\overline{Y}=a+bX$。

　　2）具有时间序列关系的回归分析

　　当所测得或统计的数据具有时间序列关系时，其回归模型为

$$y_i = a + bt_i$$

　　式中，t_i 为周期序数或与周期序数有关的值。

　　当 t_i 以一般统计数据表示时，系数 a 和 b 仍可按照因果关系回归分析中的公式求出。若用周期数（如年、月和日等）表示，便须经过处理。例如，设周期以年为单位，以 2000 年为计算的起点（$t_1=0$），2001 年则为第 1 年，2002 年为第 2 年，依次类推，即将时间坐标一律换算为以周期序数表示的坐标。在转换过程中，若能使周期序数的平均值为 0（$\overline{t}=0$），则求解系数 a 和 b 的公式将简化为

$$a = \overline{y}$$

$$b = \frac{\displaystyle\sum_{i=1}^{n} t_i y_i}{\displaystyle\sum_{i=1}^{n} t_i^2}$$

　　式中，t_i 为周期序数；y_i 为第 i 个实测值；n 为实测值的个数。

　　为了使 $\overline{t}=0$，在计算前应对原始数据进行一次整理。当周期序数为奇数时，令中间的数值为 0；当周期序数为偶数时，令中间的一对数为 -0.5 和 0.5。例如，$(1,2,3,4,5,6,7)$ 这一组数可以表示为 $(-3,-2,-1,0,1,2,3)$；而 $(1,2,3,4,5,6)$ 这一组数可以表示为 $(-2.5,-1.5,-0.5,0.5,1.5,2.5)$ 等。

2. 趋势线分析

1）二次趋势曲线预测模型

二次趋势曲线预测模型的斜率是随时间而变化的，其数学方程为

$$y_i = a + bx + cx^2$$

式中，y_i 为时间数列的趋势值；a、b 和 c 为常数；x 为时间序列年次。

设时间序列的中点为原点，则可得

$$\sum y = Na + c \sum x^2$$

$$\sum xy = b \sum x^2$$

$$\sum x^2 y = a \sum x^2$$

只需计算 $\sum y$、$\sum xy$、$\sum x^2 y$。$\sum x^2$ 和 $\sum x^4$ 可以查表获得（一般统计学书籍或数学手册都有附表）。这样求解上述联立方程，即可得 a、b 和 c 三个常数。二次趋势曲线只有一个弯度。

2）三次趋势曲线预测模型

三次趋势曲线预测模型是将二次趋势方程的次数提高一次，增加方程式的一个常数，则可使趋势曲线多一个弯度，即两个弯度。有时统计数据需有两个弯度的曲线才能更接近实际。三次趋势曲线的数学方程为

$$y_i = a + bx + cx^2 + dx^3$$

当取时间序列的中点为原点时，同样可用最小平方法求得，确定 a、b、c 和 d 4 个常数的方程如下：

$$\sum y = Na + c \sum x^2$$

$$\sum xy = b \sum x^2 + d \sum x^4$$

$$\sum x^2 y = a \sum x^2 + c \sum x^4$$

$$\sum x^3 y = b \sum x^4 + d \sum x^6$$

3.2.5 输入输出模型

研究动态系统的行为,除状态变量法外,还有一种方法——输入输出法。输入输出法研究系统的端部特性,不研究系统的内部结构。

1. 微分方程模型

假定一个系统的输入量 $u(t)$,输出量 $y(t)$ 都是时间的连续函数,那么可以用连续时间输入输出微分方程模型来描述它。对于线性时不变系统,可以表述为线性定常微分方程的形式,该模型一般具有

$$a_n \frac{\mathrm{d}^n y}{\mathrm{d}t^n} + a_{n-1} \frac{\mathrm{d}^{n-1} y}{\mathrm{d}t^{n-1}} + \cdots + a_1 \frac{\mathrm{d}y}{\mathrm{d}t} + b_m \frac{\mathrm{d}^m u}{\mathrm{d}t^m} + b_{m-1} \frac{\mathrm{d}^{m-1} u}{\mathrm{d}t^{m-1}}$$

$$+ \cdots + b_1 \frac{\mathrm{d}u}{\mathrm{d}t} + b_0 u \tag{3-1}$$

从实际可实现的角度出发,上式应满足以下约束。

(1)方程的系数 $a_i (i=0,1,2,\cdots,n)$,$b_j (j=0,1,2,\cdots,m)$ 为实常数,是由物理系统本身的结构特性决定的。

(2)方程右边的导数阶次不高于方程左边的阶次,这是因为一般物理系统含有质量、贯性或滞后的储能元件,故输出的阶次会高于或等于输入的阶次,即 $n \geqslant m$。

(3)方程两边的量纲应该一致。利用这一特点可以检验自己所列写的微分方程是否正确,特别是当 $a_n = 1$ 时,方程的各项都应有输出 y 的量纲。

在满足上述约束条件下,微分方程(3-1)可以代表各种具有不同物理性质的实际系统,性质不同的实际系统也完全有可能具有相同的数学模型。输入输出之间具有相同的阶次、相同的形式,表示输入输出之间具有相同的运动规律,通常将具有这种性质的两个系统称为相似系统。

2. 列写微分方程的一般步骤

建立输入输出模型的一般步骤如下。

(1)找出系统的因果关系,确定系统的输入量、输出量及内部中间变量,分析中间变量与输入输出量之间的关系。为了简化运算,方便建模,可做一些合乎实际情况的假设,以忽略次要因素。

(2)根据对象的内在机理,找出支配系统动态特性的基本定律,列出系统各个部分的原始方程。常用的基本定律有基尔霍夫定律、牛顿定律、能量守恒定律、物质守恒定律及由这些基本定律推导出的各专业应用公式。

(3)列写各中间变量与输入输出变量之间的因果关系式。至此,列写的方程数目与所设的变量数目(除输入变量)应相等。

(4)联立上述方程,消去中间变量,最终得到只包含系统输入与输出变量的微分方程。

(5)将已经得到的方程化成标准形,即将与输入量有关的各项放在方程的右边,与输出量有关的各项放在方程的左边,方程两边的各导数项以降阶次形式从左至右排列。针对具体问题,将各项的系数化成有物理意义的量纲,得到系统或对象的数学模型。

(6)对连续时间线性时不变系统而言,得到的微分方程是线性定常系数微分方程;若是离散时间系统,则为常系数差分方程。

当然,并不是所有系统的建模均需经过以上步骤,对简单的系统建模或对建模熟悉以后就可直接进行,但掌握一般的建模步骤显然对分析复杂系统大有好处。

3.3 系统动力学结构仿真模型

3.3.1 系统动力学的基本原理

首先通过对实际系统进行观察,采集有关对象系统状态的信息,随后使用有关信息进行决策。决策的结果是采取行动。行动又作用于实际系统,使系统的状态发生变化。这种变化又为观察者提供新的信息,从而形成系统中的反馈回路,如图 3-21a 所示。

这个过程可用 SD 流(程)图表示,如图 3-21b 所示。

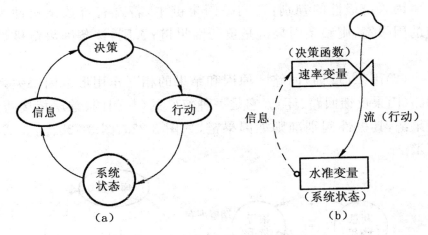

图 3-21　SD 的基本工作原理

据此可归结出 SD 的四个基本要素、两个基本变量和一个基本(核心)思想,具体如下:

SD 的四个基本要素——状态或水准、信息、决策或速率、行动或实物流。

SD 的两个基本变量——水准变量(Level)、速率变量(Rate)。

SD 的一个基本思想——反馈控制。

还需要说明的是:①信息流与实体流不同,前者源于对象系统内部,后者源于系统外部;②信息是决策的基础,通过信息流形成反馈回路是构造 SD 模型的重要环节。

3.3.2　模型表示方法

1. 因果关系图

因果(反馈)关系是 SD 方法的核心和基础。

(1)因果箭。连接因果要素的有向线段。箭尾始于原因,箭头终于结果。

因果关系有正负极性之分。正(+)为加强,负(—)为削弱。

因果链:因果关系具有传递性。用因果箭对具有递推性质的因素关系加以描绘即得到因果链。

因果链极性的判别:在同一因果链中,若含有奇数条极性为负的因果箭,则整条因果链是负的因果链;否则,该条因果链极性为正。

(2)因果(反馈)回路。原因和结果的相互作用形成因果关系回路(因果反馈回路、环)。它是一种特殊的(封闭的、首尾相接的)因果链,其极性判别准则如因果链,如图 3-22a、图 3-22b、图 3-22e 所示。

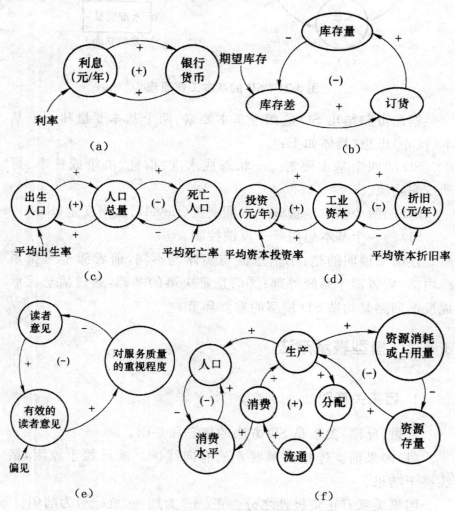

(a)

(b)

(c)

(d)

(e)

(f)

图 3-22 因果关系例图

社会系统中的因果反馈环是社会系统中各要素的因果关系本身所固有的。正反馈回路起到自我强化的作用,负反馈回路具有"内部稳定器"的作用。

多重因果(反馈)回路:社会系统的动态行为是由系统本身存在着的许多正反馈和负反馈回路决定的,从而形成多重反馈回路。如图 3-22c、图 3-22d、图 3-22f 所示。

SD 方法认为,系统的性质和行为主要取决于系统中存在的反馈回路,系统的结构主要是指系统中反馈回路的结构。

2. 流(程)图

流(程)图(Flow Diagram)是 SD 结构模型的基本形式,绘制流(程)图是 SD 建模的核心内容。流(程)图通常由以下各要素构成:

(1)流(Flow)。它是系统中的活动和行为,通常只区分出实体流和信息流。其符号如图 3-23a 所示。

(2)水准(Level)。它是系统中子系统的状态,是实物流的积累。其符号如图 3-23b 所示。

(3)速率(Rate)。它表示系统中流的活动状态,是流的时间变化。在 SD 中,R 表示决策函数。其符号如图 3-23c 所示。

(4)参数(量)(Parameter)。它是系统中的各种常数,或者是在一次运行中保持不变的量。其符号如图 3-23d 所示。

(5)辅助变量(Auxiliary Variable)。其作用在于简化 R 的表示,使复杂的决策函数易于理解。其符号如图 3-23e 所示。

(6)源(Source)与洞(Sink)。其含义和符号如图 3-23f 所示。

(7)信息(Information)。信息的取出常见情况及其符号如图 3-23g 所示。

(8)滞后或延迟(Delay)。由于信息和物质运动需要一定的时间,于是就带来原因和结果、输入和输出、发送和接收等之间的时差,并有实物流和信息流滞后之分。在 SD 中共有以下 4 种情况:

DELAY——对实物流速率进行一阶指数延迟运算（一阶指数物质延迟）。符号如图 3-23h 所示。

DELAY3——三阶指数物质延迟。其符号如图 3-23h 所示。

SMOOTH——对信息流进行一阶平滑（一阶信息延迟）。其符号如图 3-23i 所示。

DLINF3——三阶信息延迟。其符号如图 3-23j 所示。

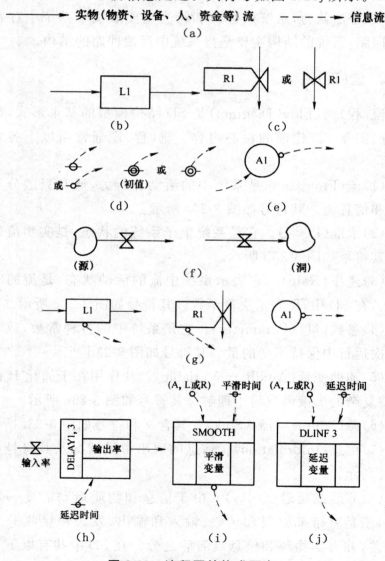

图 3-23　流程图的构成要素

3.3.3　模型的建立

建立 SD 结构模型或得到 SD 流图的一般过程为：

(1)明确系统边界，即确定对象系统的范围。

(2)阐明形成系统结构的反馈回路，即明确系统内部活动的因果关系链。

(3)确定反馈回路中的水准变量和速率变量。水准变量是由系统内的活动产生的量，是由流的积累形成的，说明系统某个时点状态的变量；速率变量是控制流的变量，表示活动进行的状态。

(4)阐明速率变量的子结构或完善、形成各个决策函数，建立起 SD 结构模型(流图)。

【例 3-3】　SD 结构模型建模举例——商店库存问题。

建模的主要过程如图 3-24～图 3-26 所示。

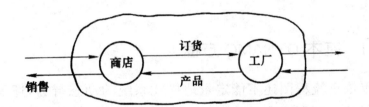

图 3-24　商店库存问题的对象系统界定

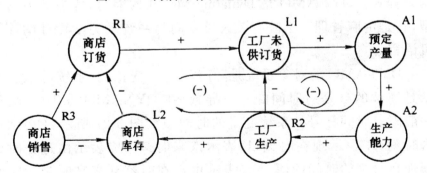

图 3-25　商后库存问题的因果关系图及变量类型

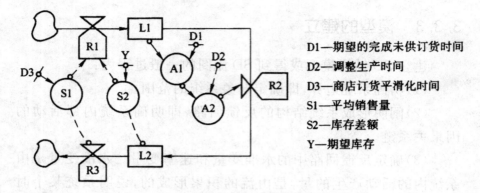

D1—期望的完成未供订货时间

D2—调整生产时间

D3—商店订货平滑化时间

S1—平均销售量

S2—库存差额

Y—期望库存

图 3-26　商店库存问题的流(程)图

3.4　基本反馈回路的 DYNAMO 仿真分析

3.4.1　基本 DYNAMO 方程

仅依靠流程图还不能定量地描述系统的动态行为,还需要应用专门的 DYNAMO 语言建立能够定量分析系统动态行为的结构方程式。DYNAMO 是 Dynamic Model 的缩写,意为动力学模型,它是由麻省理工学院有关人员专门为系统动力学设计的计算机语言。

DYNAMO 的对象系统是随时间连续变化的,系统的状态变量是连续的且是对时间的一阶导数,在 DYNAMO 方程中,变量一般附有时间标号。系统变量的时间域如图 3-27 所示,J 表示过去时刻,K 表示现在时刻,L 表示未来时刻,JK 表示由过去时刻到现在时刻的时间间隔,KL 表示由现在时刻到未来时刻的时间间隔。系统动力学使用逐段仿真的方法,仿真时间步长记为单位时间 DT(dera T),DT 的单位可以是年、月、周或日等,必要时也可取更小的时间单位,用于逼近连续时间系统。建立 DYNAMO 方程时,一般要根据经验选择合适的步长。

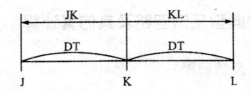

图 3-27　时间域标号

在 DYNAMO 模型中有 6 种方程式,每种方程式的第一列都标有符号,用来说明这个方程的种类。这 6 种标志符号为:

(1)L——水准方程,也称状态变量方程,其标准形式为

LEVEL·K＝LEVEL·J＋DT＊(RIN·JK－ROUT·JK)

(2)R——速率方程,是决策函数的具体形式。

RATE·KL＝f(L·K,A·K,C,…)

①无标准形式(f 不定)。

②速率的值在 DT 内不变。速率方程是在 K 时刻进行计算,而在自 K 至 L 的时间间隔(DT)中假定保持不变。

(3)A——辅助方程,用于帮助建立速率方程等。

AUX·K＝g(A·K,L·K,R·JK,C,…)

①没有统一的标准格式。

②时间标识总是 K。

③可由现在时刻的其他变量(A、L、R 等)求出。

(4)C——给定常量方程,赋值为常数。

CON＝…

(5)T——赋值为表函数中的 y 坐标,辅助变量可用表函数表示。

(6)N——计算的初始值,给状态变量方程赋初始值,通常紧跟在状态方程之后。

在以上各种方程中:L 方程是积累(或差分)方程;R、A 方程通常是代数运算方程;C、N、T 为模型运行提供参数值,在一次模拟运算中保持不变(C、T)。

3.4.2　几种典型反馈回路及其仿真计算

1. 一阶正反馈回路

以简单的人口增加机理为例,其结构模型如图 3-28 所示。

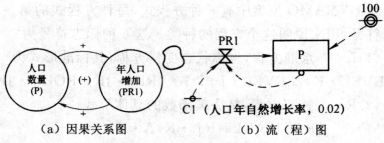

（a）因果关系图　　　　　（b）流（程）图

图 3-28　简单人口系统的因果关系图和流(程)图

请注意,系统的阶次数为回路中所含水准变量的个数。

量化分析模型及仿真计算过程如下:

L　P・K＝P・J＋DT＊(PR1・JK－0)

N　P＝100

R　PR1・KL＝C1＊P・K

C　C1＝0.02

仿真计算结果见表 3-1 和图 3-29。

表 3-1　简单人口系统 SD 仿真计算结果

仿真步长/年	P	PR1
0	100	2
1	102	2.04
2	104.04	2.0808
…	…	…

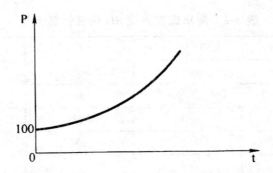

图 3-29　简单人口系统输出特性示意图

2. 一阶负反馈回路

以简单库存系统为例,其结构模型如图 3-30 所示。

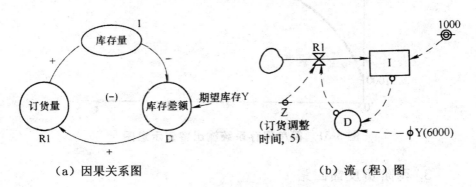

（a）因果关系图　　　　　　　　（b）流（程）图

图 3-30　简单库存系统结构模型

量化分析模型及仿真计算过程如下:

L　$I \cdot K = I \cdot J + DT * R1 \cdot JK$

N　$I = I0$

C　$I0 = 1000$

R　$R1 \cdot KL = D \cdot K / Z$

A　$D \cdot K = Y - I \cdot K$

C　$Z = 5$

C　$Y = 6000$

仿真计算结果见表 3-2 和图 3-31。

表 3-2　简单库存系统 SD 仿真计算结果

仿真步长/年	I	D	R1
0	1000	5000	1000
1	2000	4000	800
2	2800	3200	640
3	3440	2560	512
…	…	…	…

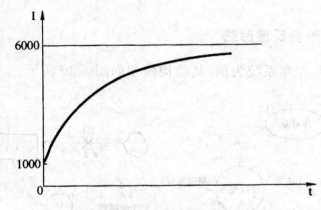

图 3-31　简单库存系统输出特性示意图

3. 两阶负反馈回路

　　如果在一个负反馈回路中存在两个水准变量,那么这个反馈回路就称作两阶负反馈回路。例如,随着计算机技术的推广应用,迫切需要培养软件方面的技术人才,而人才的培养需要有一个过程。现某地区的几个高校有软件专业在校学生 5000 名,毕业后主要满足该地区的需求,若有多余可供应其他地区。人才培养的因果关系图和流程图如图 3-32 所示。

　　设正在学校培养的人数 M＝5000,该地区现有软件人才拥有量 X＝1000,而期望拥有量 Y＝6000,调整拥有量时间 Z＝5 年,从招生到毕业时间 W＝5 年,则可建立 DYNAMO 程序预测今后 5 年内该地区软件人才的拥有量。

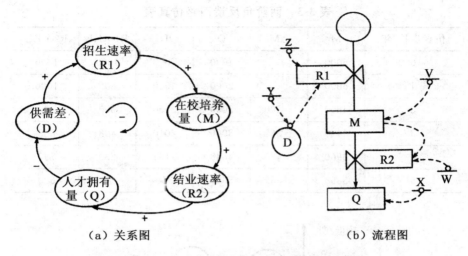

（a）关系图　　　　　　　　　　　（b）流程图

图 3-32　人才培养的因果关系图和流程图

L　M・K＝M・J＋DT＊(R1・JK－R2・JK)

N　M＝V

C　V＝5000

R　R1・KI＝E・K/Z

A　E・K＝Y－Q・K

C　Y＝6000

C　Z＝5

R　R2・KL＝M・K/W

C　W＝5

L　Q・K＝Q・J＋DT＊(R2・JK－0)

N　Q＝X

C　X＝1000

手工仿真 5 年的人才拥有量结果见表 3-3,其相应的变化曲线如图 3-33 所示。

可以看出,两阶负反馈回路也具有追求目标的功能,在两阶负反馈回路的作用下,人才拥有量在达到期望值后还会继续增加,从而超出了拥有量期望值,而后在目标值附近以衰减振荡的形式逼近目标值。这是一般两阶负反馈回路的共同特征。

表3-3　两阶负反馈回路仿真表

仿真步长/年	M	ΔM	Q	D	R1·KL	R2·KL
0	5000		1000	5000	1000	1000
1	5000		2000	4000	800	1000
2	4800	−200	3000	3000	600	960
3	4440	−360	3960	2040	408	888
4	3960	−480	4848	1152	230	792
5	3398	−562	5640	360	72	680

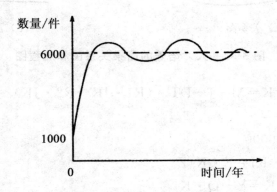

图 3-33　仿真结果示意图

3.5　复杂系统动力学模型

　　这里介绍复杂的社会经济系统动力学模型,即世界人口、经济与环境模型。20世纪70年代初,来自25个国家的75名科学家与学者的罗马俱乐部共同讨论未来人类面临的问题,学者们困惑于世界工业生产均值近十年来呈指数增长趋势,而同时面临金融与经济呈周期性衰退、通货膨胀、就业困难、资源减少和生态环境恶化等一些难题。这些问题普遍发生于世界各地,而且涉及社会经济、政治和技术因素,更重要的是这些因素是相互联系、相互作用的。罗马俱乐部试图探索产生这些问题的原因,寻求未来世界与人类摆脱困境的出路,但人们惯用的研究方法与工具都是从单因素入手,既不能认识总体大于各部分之和的系统的整体性质,又在非线性、高阶次、多重反馈系统面前束手无策,所以难以回答这一复杂巨大系统的问题。

为此,福瑞斯特教授向俱乐部介绍了他研究的世界模型,认为世界系统是一个开放的系统,但在相对短期内(如 100 年)可考虑为封闭系统。他领导的国际小组研究了世界范围内的人口、工业、农业、自然资源和环境污染等诸因素的相互联系、相互制约和作用,以及产生各种后果的可能性。这些因素的因果关系如图 3-34 所示,其中带正号的箭头表示因果链的正影响,带正号的回路为正反馈回路,反之为负影响和负反馈回路。该图描述了世界系统的基本反馈机制,人口、工业化和食物形成了一个正反馈环,工业化与自然资源形成负反馈环,工业化和污染形成负反馈环,工业化与污染、人口形成负反馈环,工业化、食物、占用土地、自然空间和人口形成负反馈环。由于这些反馈回路的相互作用,产生世界社会经济环境这一复杂巨大系统的动态行为。为了用计算机进行系统仿真,还需建立系统的流程图,然后根据结构建立系统方程式。该世界模型的简化流程图如图 3-35 所示,建立的方程式有 100 多个,用 DYNAMO 进行系统仿真的基本模拟结果如图 3-36 所示。

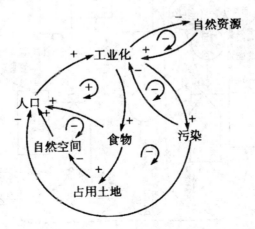

图 3-34 世界系统基本变量因果关系图

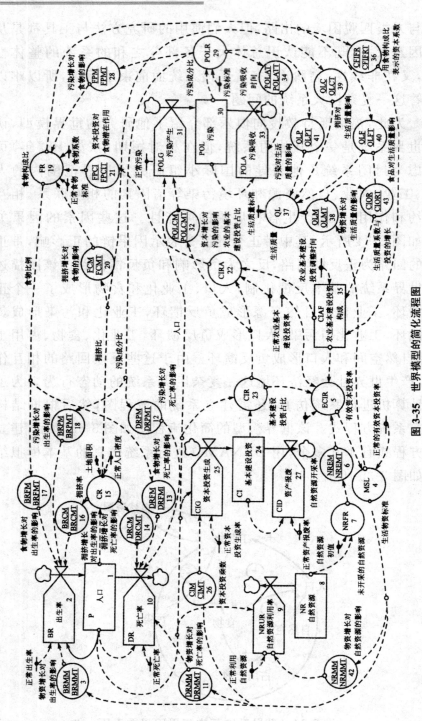

图 3-35　世界模型的简化流程图

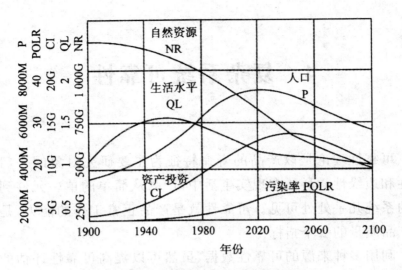

图 3-36   世界模型仿真计算结果

世界模型模拟结果的基本结论是：工业化伴随了人口膨胀、资源短缺和污染增长，因此人口、生产和环境的发展与相互制约的结果将使迄今持续增长的模式逐步过渡到一种新的均衡增长状态，人口达到一个高峰后将逐渐下降，环境污染严重到一定程度后，随着人口和资产投资的下降而降低，过去世界上诸多指数增长的指标将有所改变。从长远的战略观点看，目前不发达国家按西方先进国家的模式进行的工业化努力未必是明智的，发展中国家应有自己的发展道路。

4 复杂系统可靠性

可靠性理论是以产品的寿命特征为主要研究对象的一门综合性和边缘性学科。在现实生活中,产品从简单的单一元件到复杂的系统几乎处处可见。可靠性就是产品正常工作的能力,是衡量产品质量的一个指标。

利用多种来源的可靠性数据,虽然可以提高可靠性评估的准确度,但是这种方法忽略各种数据之间的逻辑关系,在一定程度上造成了信息的浪费。可靠性分析立足于对可靠性的过程控制与管理,其间可能没有直接的可靠性数据,但是存在大量的间接数据。如果能够充分挖掘数据之间的逻辑关系,将显著提高数据的利用效果和效率。

4.1 可靠性概述

4.1.1 可靠性的概念

日常生活中,我们能接触到很多产品,如电视、冰箱、电脑、汽车等,用户自然希望所使用的产品质量好。产品质量的好坏可用很多个指标来衡量。

产品的质量指标有很多种,如一台电视机的质量指标就有很多:图像清晰程度、音质是否优美、选择性的好坏、灵敏度的高低等。除此以外,产品还有另一类质量指标——可靠性指标。

随着人们对可靠性问题认识的逐步深入,可靠性的定义处于不断发展变化中。

1957 年,美国电子设备可靠性咨询组发表的报告中将可靠性定义为"在规定的时间和给定的条件下,无故障完成规定功能的概率,即可靠度。"

我国军标 CJB 451A《可靠性维修性保障性术语》把可靠性定义为"产品在规定的条件下和规定的时间内,完成规定功能的能力"。

进入 20 世纪 90 年代,可靠性的定义有了新的发展,1991 年美国国防部指令以 DI 5000.2《国防采办管理政策和程序》把可靠性定义为"系统及其组成部分在无故障、无退化或不要求保障系统的情况下执行其功能的能力"。

综上所述,可将可靠性定义为:产品在规定的条件下和规定的时间内,完成规定功能的能力。其中,"规定的时间"是可靠性定义中的核心;"规定的条件"通常指使用条件、维护条件、环境条件和操作技术;"规定的功能"通常用产品的各种性能指标来刻画;"能力"通常指各种可靠性指标,常用的有"可靠度"及"平均寿命"等。

4.1.2 可靠性的分类

可靠性包括固有可靠性和使用可靠性。其中,固有可靠性是衡量产品设计和制造的可靠性水平,而使用可靠性可以认为是综合考虑了产品设计、制造、安全、环境、使用和维护等环节中的所有可能影响因素,用来衡量产品在预期环境中使用的可靠性水平。固有可靠性与使用可靠性之间的关系如图 4-1 所示。

从产品寿命周期来看,使用可靠性覆盖了产品的全寿命周期,而固有可靠性只涉及设计和制造两个环节;从固有可靠性和使用可靠性的比较来看,固有可靠性比使用可靠性更高,主要是使用可靠性涉及的因素更多,而且使用阶段的维修和维护只能作为维持和保持可靠性的一种手段,无法实现可靠性增长。

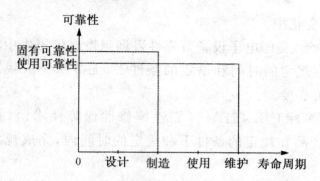

图 4-1 固有可靠性与使用可靠性关系

现以民用飞机为例,民用飞机的可靠性和安全性受适航规章约束,飞机要想真正投入运营,必须满足飞机运营所在国适航标准的相关规定。适航标准包括初始适航标准和持续适航标准,初始适航标准对应的就是设计和制造阶段的可靠性,也就是固有可靠性;持续适航标准则对应于使用可靠性,当然还受到维修和使用因素的制约。因此民用飞机的可靠性指标体系除了固有可靠性指标外,还包括表征其使用可靠性的出勤可靠度和签派可靠度。

出勤可靠度用于表示飞机正常运营离站的概率,它是描述飞机及地面支援系统能力的参数,而不是用于描述飞机的系统或分系统的参数,不仅包括了可靠性的影响,同时也与维修性、地面支援系统水平密切相关。可以看出,相对于固有可靠性,使用可靠性的影响因素更多,也更加难以控制。这也可用于解释波音公司和空客公司都是基于同样固有可靠性的产品,但全球机队在不同国家运营的签派可靠度和出勤可靠度却有较大差别的现象。

签派可靠度是指没有因技术原因的延误或撤销航班而运营离站的百分数,技术性延误是指由于机载设备和部件工作异常而进行检查和必要的修理使飞机最后离站的时间延迟。签派可靠度是民用飞机使用最为广泛的参数性指标,该指标与飞机的固有可靠性、运营环境和航空公司的维修保障水平等有关。通常,飞机的可靠性好,故障率低,签派可靠度就高;航空公司人员培训好,用于排故和维修的资料齐全且方便,维修工作花费时间就短,飞机的签派可靠度也就高。

4.1.3　可靠性分析与评估

　　研究可靠性分析与评估必然涉及可靠性工程,两者具有紧密联系。实际上,可靠性分析与评估是可靠性工程的重要组成部分,也是开展其他项目的基础。

1. 可靠性工程的含义

　　可靠性工程是指为了确定和达到可靠性要求所进行的一系列技术与管理活动。其基本任务是确定产品可靠性和获得产品的可靠性。确定产品可靠性就是通过各种途径,如可靠性设计、试验、系统可靠性分析等来确定产品的失效(故障)机理、失效模式及各种可靠性特征量的全部数值或范围等。获得产品的可靠性是通过产品寿命周期中的一系列技术与管理措施来得到并提高产品可靠性,从而实现产品可靠性的最优化。为了实现产品的高可靠性,系统科学、统计学和故障物理构成了可靠性工程的基础。

2. 可靠性工程的内容

　　根据 GJB 450A《装备可靠性工作通用要求》,可靠性工程的内容可以分为以下三部分。

　　(1)可靠性设计与分析。包括建立系统可靠性模型、进行可靠性预计、可靠性分配和各种可靠性分析等。其通过可靠性预计、分配、分析和改进等一系列可靠性工程技术活动,把可靠性定量要求转化为产品设计,从而形成产品固有的可靠性。

　　(2)可靠性试验。对产品的可靠性进行分析和评价,其通过对试验结果进行统计分析和失效分析,评估产品的可靠性,找出可靠性的薄弱环节,提出改进建议,从而实现产品的可靠性增长。包括可靠性增长试验、可靠性鉴定试验、可靠性验收试验、耐久性试验、环境应力筛选、可靠性研制试验、寿命试验和加速寿命试验、可靠性强化试验和高加速应力试验等。

(3)可靠性管理。可靠性管理是为确定和满足可靠性要求而必须进行的一系列组织、计划、协调和监督等工作。可靠性管理在可靠性工程中的地位越来越重要,包括建立质量保证体系、制订可靠性计划、对供应方的监督和控制、可靠性评审、可靠性增长管理和制定可靠性标准等。

在可靠性工程中,相关的可靠性工作均由相关的标准进行控制,见表 4-1。

表 4-1　可靠性工作相关标准

可靠性工作的主要项目		相关标准代号及名称
可靠性管理	可靠性计划制订	GJB 450A－2004 装备可靠性工作通用要求
	可靠性评审	GJ/T 7828－1987 可靠性设计评审
		GJB 841－1990 故障报告、分析和纠正系统
	故障报告、分析和纠正措施系统建立并运行	GJB/Z 72－1995 可靠性维修性评审指南
可靠性设计与分析	可靠性分配	GB 5084－1984 MTBF 与可靠性估计方法
	可靠性预计	GB/T 7827－1987 可靠性预计程序
		G－IB 813－1990 可靠性模型的建立和可靠性预计
		GJB/Z 299B－1991 电子设备可靠性预计手册
	故障模式及影响分析	GB/T 7826－1987 系统可靠性分析技术——故障模式与影响分析(FMEA)程序
		GJB 139－1992 故障模式、影响及危害性分析程序
		HB 6359－1989 故障模式、影响及危害性分析程序
	故障树分析	GB/T 7829－1987 故障树分析程序
		GJB 768A－1998 故障树分析指南
	可靠性设计准则	GJB/Z 102－1997 软件可靠性和安全性设计准则
	元器件、零部件、原材料的选择与控制	HB 6429－1990 零部件控制大纲
	其他	GJB/Z 27－1992 电子设备可靠性热设计手册

可靠性工作的主要项目		相关标准代号及名称
可靠性试验与评价	环境应力筛选试验	GJB 1032—1990 电子产品环境应力筛选方法
	可靠性增长试验	GJB 1407—1992 可靠性增长试验
	可靠性鉴定试验	GB/T 5080—1986 设备可靠性试验
		GJB 899—1990 可靠性鉴定与验收试验
		HB 6139—1987 航空机载设备可靠性试验(鉴定和验收)
	寿命试验	GB 12282—1990 寿命试验用表
使用可靠性评估与改进	使用可靠性信息收集	GB 5081—1985 电子产品现场可靠性、有效性和维修性数据收集指南

3. 可靠性工程的发展

虽然产品的可靠性是客观存在的,但只有现代的科学发展到一定水平,产品的可靠性才凸显出来,它不仅影响产品性能,而且影响一个国家经济和安全,是众所瞩目的需致力研究的对象。

(1)可靠性工程的准备和萌芽阶段(20世纪30至40年代)。可靠性工程最主要的理论基础是概率论与数理统计学,在1939年,瑞典人韦布尔为了描述材料的疲劳强度而提出韦布尔分布。该分布后来成为可靠性工程中最常用的分布之一。

最早的可靠性概念来源于航空,最早作为一个专用学术名词明确提出"可靠性"的是美国麻省理工学院放射性实验室。该实验室在1942年提出的一份报告中提及了此概念。

(2)可靠性工程的兴起和独立阶段(20世纪50年代)。20世纪50年代初,可靠性工程在美国兴起。当时军用电子设备由于失效率很高而面临着十分严峻的形势,为了扭转被动局面,1952年,美国国防部下令成立由军方、工业界及学术界组成的"电子设备可靠性顾问组",即AGREE。1955年,AGREE在给政府的报告中提出建议,是产生美国有关可靠性军工标准的思想基础。

1957 年提出的著名的 AGREE 报告——《军用电子设备的可靠性》,成为美国此后一系列军工标准的基础。AGREE 报告的发表是可靠性工程成为一门独立学科的里程碑,涉及的标准是世界各国组织机构制定有关可靠性技术文件的依据。

（3）可靠性工程的全面发展阶段（20 世纪 60 年代）。20 世纪 60 年代是世界经济发展较快的年代。可靠性工程在以美国为首的一些工业国家得到了全面、迅速的发展,其主要表现是继续制定、修订了一系列有关可靠性的军工标准、国家标准和国际标准,包括可靠性管理、试验、预计、设计、维修等内容。

（4）可靠性工程的深入发展阶段（20 世纪 70 年代以来）。在 20 世纪 60 年代全面发展的基础上,可靠性工程不但在处于领先地位的美国和工业较发达的各国得以纵深发展,而且在发展中国家,如中国和印度等国也得到了迅猛的发展。

20 世纪 70 年代以来,在可靠性设计和试验方面,更严格、更符合实际、更有效的设计和实验方法得到了应用和发展。计算机辅助可靠性设计包括复杂电子系统的可靠性预计及精确的热分析和热设计;研究非电子设备的可靠性设计和可靠性试验时,采用组合环境应力试验,如温度—湿度—振动（正弦）试验,以便更真实地模拟环境;此外,加速环境应力筛选试验、可靠性增长试验及加速寿命试验等方法也有广泛应用。

在维修工程领域,以预防为主的维修思想转变为以可靠性为中心的维修思想。1970 年,英国联邦航空局颁布了以可靠性为中心的维修大纲,包括定时维修、视情维修和状态监控三种维修方式,在军用、民用飞机上都得到了广泛的应用。

我国的可靠性工程研究是从 20 世纪 60 年代中期开始的,主要在电子、航空、航天、核能、通信等领域内进行探究。自 80 年代起,中国电子学会电子产品可靠性与质量管理委员会及许多省级可靠性学会相继召开学术年会。

4. 可靠性分析与评估

可靠性分析贯穿于产品的全寿命周期,在产品不同阶段进行可靠性分析的途径和方法是有所区别的。可靠性分析既包括定性的可靠性分析，也包括定量的可靠性分析。定性的可靠性分析包括故障模式及影响分析（Failure Mode and Effect Analysis，FMEA）、故障树分析（Fault Tree Analysis，FTA）、事件树分析（Event Tree Analysis，ETA）和可靠性框图，定量的可靠性分析包括可靠性模型和可靠性统计数据分析。

　　进行可靠性分析或可靠性评估的基础是可靠性数据。通过可靠性数据分析技术，从可靠性数据中能有效挖掘出对于产品可靠性的多层面和多角度的状态信息。可靠性数据分析是通过收集系统或者单元产品在研制、试验、生产和维修中产生的可靠性数据，并依据系统的功能或可靠性结构，利用概率统计方法，给出系统可靠性数量指标的定量估计。它是一种既包含数学和可靠性理论，又包含工程的分析方法。

4.1.4　复杂系统可靠性的分析与评估

　　任何系统都有可靠性分析与评估问题，复杂系统也不例外，但复杂系统较其他系统对可靠性要求更为苛刻，如航空、航天、电力和核电站系统等，这些系统一旦发生故障，将造成重大的经济损失，甚至是严重的社会影响。针对这类复杂系统的可靠性，提出的衡量指标必然是多样的和多层面的，可靠性分析与评估已成为这类系统中至关重要的突出问题。

　　复杂系统的可靠性分析与评估的特点如下。

　　（1）复杂系统可靠性分析与评估是典型的小样本问题。复杂系统可靠性分析与评估的小样本特点贯穿于全寿命周期。在设计阶段，由于复杂系统本身结构的复杂性，导致其无法对所有的子系统做完整的可靠性验证试验，再加上受到研制成本和研制周期的影响，都决定了进行较大样本量的全系统试验耗费巨大，不具有可行性；而且复杂系统本身对可靠性要求很高甚至极高，决定了复杂系统很少能运行到故障，很难采集到充分的故障样本。

　　（2）复杂系统结构的复杂性可增加可靠性分析与评估的难

度。由于复杂系统本身结构复杂,导致其故障机理复杂,尤其是在故障机理不清楚的情况下,即使复杂系统可靠运行,仍可能存在多种不明形式的故障隐患,这些故障隐患在一定的触发条件下,就可能演化为故障甚至重大故障,对系统的运行甚至是安全产生重大影响。

(3)复杂系统可靠性分析与评估的方法具有综合性。从全寿命周期角度来看,复杂系统在设计阶段和运行阶段运用的可靠性分析与评估方法各不相同,设计阶段重点体现的是对可靠性增长和可靠性验证的评估,可靠性增长评估体现的是如何在变母体中提取可靠性信息,可靠性验证评估则与验收和拒收的决策密切相关。在复杂系统运行阶段,由于采集不到故障数据,其研究的重点主要涉及如何将间接数据转化为支持可靠性分析与评估数据的问题,主要是通过随机过程描述可靠性或者性能的变化,而不是通过可靠性数据的寿命分布计算和评估可靠性。

4.1.5　复杂系统可靠性分析与评估研究方法

针对复杂系统的认识是多角度和多层面的,相应地,复杂系统可靠性分析与评估研究方法也应该从多角度和多层面展开。在研究复杂系统可靠性分析与评估时,如果角度和层面不同,则相应的方法、技术和流程均会有所差别。通过探讨复杂系统可靠性分析与评估方法的立体研究维度,可以更全面、更深刻、更透彻地理解可靠性分析与评估问题。

1. 复杂系统可靠性分析与评估研究角度

1)基于寿命周期不同阶段的可靠性分析与评估

从系统的全寿命周期角度出发,可以从设计阶段和运行阶段进行可靠性研究,其分别对应可靠性分类方法中的固有可靠性和使用可靠性,固有可靠性和使用可靠性涉及的相关内容如图 4-2 所示。

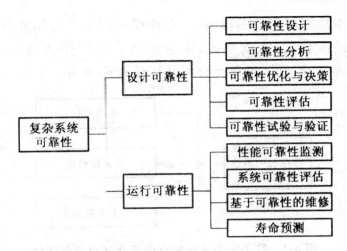

图 4-2　固有可靠性和使用可靠性涉及的相关内容

　　具体到可靠性分析与评估领域,固有可靠性的研究表现在对设计可靠性的分析与评估,使用可靠性的研究体现在对运行可靠性的分析与评估。

　　设计可靠性分析与评估和运行可靠性分析与评估两者处于产品的不同寿命周期,采集到的可靠性数据有明显区别,可靠性分析与评估的目的截然不同。设计可靠性分析与评估主要是在复杂系统研发过程中动态了解可靠性水平,并在研制结束时对可靠性水平进行鉴定与验证;而运行可靠性分析与评估是指在复杂系统运行过程中,通过相关监测参数的采集实时掌握性能变化趋势及整体可靠性水平,避免发生故障。

　　2)基于复杂系统特点的可靠性分析与评估

　　复杂系统的基本特点是多态性和多失效模式。具体到可靠性工程领域,可以提炼出 3 个研究方向,即多态系统可靠性分析与评估、多失效模式可靠性分析与评估及竞争失效问题,如图 4-3 所示。

　　对复杂系统可靠性的分析与评估一直关注小样本和系统综合方面的研究,即利用 Bayes 方法加以解决,实现从"无法"评估转化为"可"评估,但没有考虑系统特点。实际上,复杂系统的特点是在可靠性分析与评估领域中必须加以考虑的问题,如果忽略了系统本质对可靠性的影响,一定程度上将影响可靠性分析与评估结果的准确度,也就是说,虽然实现了"可"评估,但无法实现"精确"评估,影响了可靠性分析与评估结果的准确度。

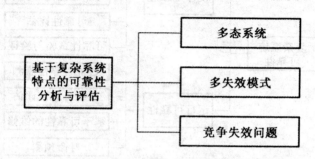

图 4-3 基于复杂系统特点的可靠性分析与评估

多态系统、多失效模式和竞争失效问题三者可以显著增加可靠性分析与评估的复杂度和难度,尤其是在部件和系统均具有多种状态,部件和系统的多种失效模式具有多种组合和转换的情况下,如果全部考虑清楚,计算的难度非常大,这也是未来可靠性工程领域的重点研究方向之一。

3)从与相关领域的作用机制研究可靠性分析与评估

对复杂可修系统而言,可靠性与维修、健康管理和保障都有着密切的关系,它们之间的相互关系如图 4-4 所示。维修是保持复杂系统可靠性的重要手段,需要分析和评估维修活动与维修质量对可靠性水平的影响;健康管理是监测和预测可靠性的重要方法,如何利用健康监测系统的信息,并将可靠性评估结果反馈到健康管理系统都需要深入研究;保障是为可靠性提供物质保证,可靠性评估的输出结果可以反馈到保障领域,提高保障效果和效率。可靠性与这些涉及的领域既存在着信息流,又存在着物质流,彼此之间通过相关参数建立联系,进行协同的可靠性分析与评估,直接影响各个领域的决策;更进一步,由于这些领域的相互作用,可能使各领域的不同要素之间表现出动力学机制,也就是说由于考虑了这些领域之间的作用,可能使复杂系统可靠性分析与评估的结果发生质的改变。

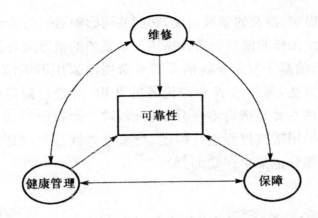

图 4-4 可靠性与维修、健康管理和保障的相互关系

2. 复杂系统可靠性分析与评估研究思路

要进行全面、系统的可靠性分析与评估,应明确可靠性分析与评估和相关要素之间的逻辑关系,如图 4-5 所示。

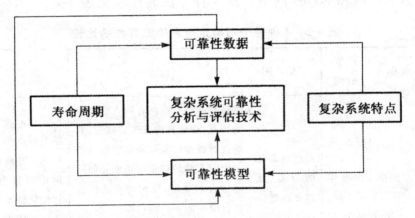

图 4-5 复杂系统可靠性分析与评估和相关要素之间的逻辑关系

从复杂系统可靠性分析与评估和相关要素之间的逻辑关系中可以提炼出可靠性分析与评估的流程及方法,主要包括以下内容。

(1)复杂系统可靠性分析与评估的思路:利用可靠性数据,选择可靠性模型,得到可靠性分析与评估的结果。

(2)关于系统特点的描述对于可靠性数据和可靠性模型的影响,可以理解为广义的复杂系统特点,实际上包括复杂系统特点对可靠性的影响、涉及的领域角度,它们共同影响数据的获取,共同决定了选择什么样的模型更适合描述复杂系统的状态或可靠性情况。

(3)当前基于复杂系统的不同寿命周期采用不同的可靠性分析与评估方法,是学术界和理论界的共识,对设计阶段的可靠性分析与评估主要是借助寿命分布模型,对于运行阶段的可靠性评估往往是采用随机过程进行描述,当前可靠性分析与评估研究成果的绝大部分也集中在此部分。

4.2 复杂系统可靠性分析的建模

复杂系统的可靠性分析过程实质上是一种基于不确定信息的决策过程,目前主要有 4 种方法可供选择,即神经网络、模糊逻辑、Petri 网和 Bayes 网络。这 4 种方法的比较见表 4-2。

表 4-2　4 种基于不确定信息决策方法的比较

名称	产生时间	适用范围	优点	缺点
神经网络	1969 年	对模糊信息的分类、处理及推理	①神经网络系统具有同人脑类似的特点,在信息的分布式储存、数据并行处理以及外来信息处理等方面同人脑的自学习功能类似; ②适合对变形、模糊和残缺信息进行快速而正确的识别; ③具有很强的分析和判断能力; ④具有很强的并行处理能力	学习样本需求量大,黑箱结构难以解释;初始化样本参数选择困难
模糊逻辑	1978 年	基于规则系统和语言计算处理不精确信息、近似推理	①模糊逻辑是一种系统、可靠的基于模糊数据的推理方法,在专家系统的知识表达和推理中被广泛使用; ②使辩证思维得到了自然推广和广泛使用	模糊函数隶属度和模糊推理规则的确定没有统一标准,是影响其应用的"瓶颈"问题

续表

名称	产生时间	适用范围	优点	缺点
Petri 网	1962 年	不确定信息表达和推理	①将领域知识编写成一系列产生规则，可以充分利用专家信息；②可以表示复杂系统组成要素之间的因果关系	大量规则导致系统运行速度慢，难适应实时环境要求，当遇到未见过的新信息时，可能产生"匹配冲突""组合爆炸"的问题
Bayes 网络	1986 年	不确定信息表达和推理	①综合利用定性信息和定量信息，通过定性分析确定网络拓扑结构，通过专家信息和试验数据等定量信息确定节点先验概率和条件概率；②可以利用组件、分系统信息，推断整个系统情况；③可以充分利用先验信息，完成知识积累，发挥在可靠性增长中的自学习功能，减少试验样本量，降低试验费用和缩短研制周期	对于复杂系统的 Bayes 网络，数据采集和推断都存在一定的困难

4.2.1　Petri 网及其对复杂系统的可靠性建模

1. Petri 网基本概念

Petri 网是一种网状信息流模型，包括条件和事件两类节点，在条件和事件为节点的有向二分图的基础上加上表示状态信息的托肯分布，并按一定的引发规则使得事件驱动状态演变，从而反映系统的动态运行过程，其形式化描述如下。

(1)有向网。满足下列条件的三元式 $N=(P,T;F)\sum_{i=1}^{n}$ 称为有向网：

①$P\cup T\neq\varnothing, P\cap T=\varnothing$。

②$F\subseteq(P\times T)\cup(T\times P)$。

③$\mathrm{dom}(F)\cup\mathrm{cod}(F)=P\cup F$。

式中，$\mathrm{dom}(F)=\{x|\exists y:(x,y)\in F\}$，$\mathrm{cod}(F)=\{y|\exists x:(x,y)\in F\}$ 分别为 F 的定义域和值域。P 和 T 分别称为网 N 的库所(Place)集和变(Transition)集，F 为流关系(Flow relation)。

设 $x\in P\cup T$ 为 N 的任一元素，令 $^*x=\{y|(y\in P\cup T)\wedge(y,x)\in F\}$ 和 $x^*=\{y|(y\in P\cup T)\wedge(x,y)\in F\}$，称 $^*x$ 和 x^* 分别为 x 的前置集和后置集。

(2)Petri 网。满足下列条件的四元式 $\mathrm{PN}=(P,T;F,M_0)$ 称为 Petri 网：

①$N=(P,T;F)$ 是一个网。

②$M:P\rightarrow Z$(非负整数集)为标识(也称状态)函数。其中，M_0 是初始标识。

③引发规则：

• 变迁 $t\in T$，当 $\forall p\in{}^*t:M(p)\geqslant1$ 时，称变迁 t 是使能的，记作 $M[t>$；

• 在 M 下使能的变迁 t 可以引发，引发后得到后继标识 M'，则

$$M'(P)=\begin{cases}M(P)+1, p\in t^*-{}^*t\\ M(P)-1, p\in{}^*t-t^*, 记作 M[t>M'\\ M(P), 其他\end{cases}$$

PN 的标识 M 可以用一个非负整数的 m 维向量表示，记作 M。式中，$M(i)=M(p_i),i=1,2,\cdots,m$。

设 Petri 网 $\mathrm{PN}=(P,T;F,M_0)$，M 是 PN 的一个标识，若 $\exists t_1,t_2\in T$ 使得 $M[t_1>\wedge M[t_2>$，则当

①$M[t_1>M_1\rightarrow M_1[t_2>\wedge M[t_2>M_2\rightarrow M_2[t_1>$ 时，称 t_1，

t_2 在 M 下并发；

②$M [t_1 >M_1 \rightarrow \rightarrow M_1 [t_2 > \wedge M [t_2 >M_2 \rightarrow \rightarrow M_2 [t_1 >$ 时，称 t_1 , t_2 在 M 下冲突。

设 Petri 网 PN $= (P,T;F,M_0)$，若 $\exists M_1 , M_2 , \cdots , M_k$，使得 $\forall 1 \leqslant i \leqslant k , \forall t_i \in T : M_i [t_i >M_{i+1}$，则称变迁序列 $\sigma = t_1 t_2 \cdots t_k$ 在 M_1 下是使能的，M_{k+1} 从 M_1 是可达的，记作 $M_1 [\sigma >M_{k+1}$。

设 Petri 网 PN $= (P,T;F,M_0)$，令 $R(M_0)$ 为满足下列条件的最小集合：

①$M_0 \in R(M_0)$；

②若 $M \in R(M_0)$，且 $t \in T$ 使得 $M [t >M'$，则 $M' \in R(M_0)$。

则称 $R(M_0)$ 为 Petri 网 PN 的可达标识集合。

Petri 网的状态空间可以用可达树或可达图的形式来表示。

设 Petri 网 PN $= (P,T;F,M_0)$，若 $M[\sigma >M' , M , M' \in R(M_0)$，$\sigma \in T^*]$，则称 $M' = M+CX$ 为 Petri 网 PN 的状态方程。

2. Petri 网的图形表示

Petri 网是一种图形化和形式化的建模工具，在此给出形式化定义的图形表示。设有如图 4-6 所示的简单 Petri 网，则初始标识 $M_0 = [11000]^T$；$^* t_1 = \{p_1 , p_2\}$，$p_4^* = \{t_3\}$ 等；$\forall p \in {}^* t_1 : M_0 (p) \geqslant 1$，则 $M_0 [t_1 >$，记作 $M_0 [t_1 >M_1$，其中 $M_1 = [00110]^T$，变迁 t_2 和 t_3 在标识 $M_1 = [00110]^T$ 处于并发关系，而变迁 t_4 和 t_5 在标识 $M_3 = [00101]^T$ 处于冲突关系；该 Petri 网的状态可达图如图 4-7 所示，其可达标识集合为

$$R(M_0) = \{[11000]^T , [00110]^T , [10010]^T ,$$
$$[00101]^T , [10001]^T , [01100]^T\}$$

3. Petri 网对典型系统的可靠性建模

1) 不可修冷储备系统的可靠性 Petri 网模型

冷储备系统是由 n 个部件组成的。起初，一个部件工作，其余 $n-1$ 个部件作冷储备。当工作部件发生故障时，储备部件替

换,直到所有部件失效。

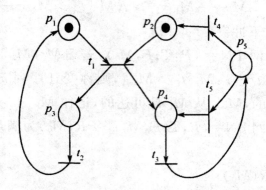

图 4-6　一个简单的 Petri 网

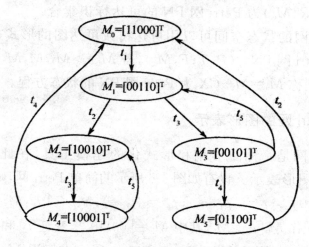

图 4-7　Petri 网的状态可达图

　　现以两部件系统为例,一个处于工作状态,另一个处于冷储备状态,不考虑转换开关失效和考虑转换开关失效的 Petri 网模型分别如图 4-8a 和图 4-8b 所示,在图 4-8a 中,p_1 表示部件 1 工作,p_2 表示部件 2 工作,p_f 表示系统失效。开始时,部件 1 处于工作状态,经过 t_{1f} 时间间隔后,部件 1 失效,换上部件 2 工作,再经过 t_{2f} 时间间隔后系统失效。系统寿命等于两个部件的寿命之和。在图 4-8b 中,考虑了转换开关的失效行为,除了图 4-8a 中的符号外,增加了 p_w 表示转换开关正常,p_{wf} 表示转换开关失效,p_{1f} 表示部件 1 失效，p_{sf} 表示系统失效。当部件 1 失效后，若转换开关正常，则部件 2 投入工作状态；若转换开关失效，部件 2 切换不上，则系统直接失效。

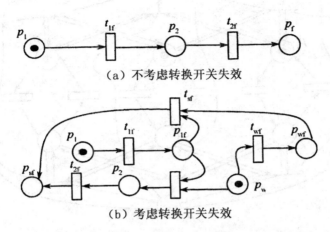

（a）不考虑转换开关失效

（b）考虑转换开关失效

图 4-8　不可修冷储备系统的可靠性 Petri 网模型

2）不可修表决系统的可靠性 Petri 网模型

由 n 个部件组成，而完成任务只需要其中 k 个部件正常工作的系统称为 k/n 表决系统。

如果系统中有三个部件，只要其中两个部件正常，系统就能工作，即 2/3 系统。此时，当系统中出现 $n-k+1$ 即两个部件失效时，系统就失效。此系统的 Petri 网模型如图 4-9 所示。

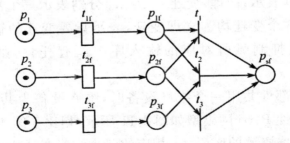

图 4-9　2/3 不可修表决系统的可靠性 Petri 网模型

3）可修表决系统的可靠性分析 Petri 网模型

在 2/3 系统中，假设每个部件均配有一个维修设备，则此可修系统的可靠性 Petri 网模型如图 4-10 所示。

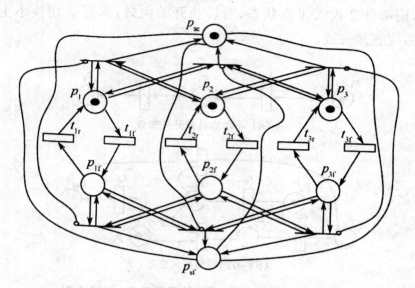

图 4-10　2/3 可修表决系统的可靠性 Petri 网模型

图 4-10 中，p_1、p_2、p_3 分别表示三个部件处于好状态，其中只要两个库所中有托肯（即两个部件处于好状态），系统就可以工作；用 p_{sc} 中有托肯表示系统处于好状态；p_{1f}、p_{2f}、p_{3f} 分别表示三个部件处于维修状态，同样，这三个库所中只要有两个库所中有托肯，则表示系统处于失效状态，用 p_{sf} 中有托肯表示系统失效；变迁 t_{1f}、t_{2f}、t_{3f} 分别表示三个部件的失效过程，具有时间特性，因此，用矩形框表示；同理，变迁 t_{1r}、t_{2r}、t_{3r} 分别表示三个部件的维修过程；其他 6 个变迁均为立即变迁，表示只要变迁的输入库所中有托肯并且抑制弧所对应的输入库中没有托肯，则变迁立即引发。

当三个部件共用一个维修设备时，维修设备为共享资源，此时系统可靠性 Petri 网模型如图 4-11 所示，相比于图 4-10 增加了一个表示维修资源的库所 p_r，相应的三个维修变迁 t_{1r}、t_{2r}、t_{3r} 的使能条件变为部件失效且维修资源可用。

4）可修冷储备系统的可靠性分析 Petri 网模型

可修冷储备系统是由 n 个部件和一个修理设备组成的。一个部件工作,其余 $n-1$ 个部件作冷储备。当工作部件发生故障时,储备部件替换转为工作状态,修理设备对故障部件进行修理。

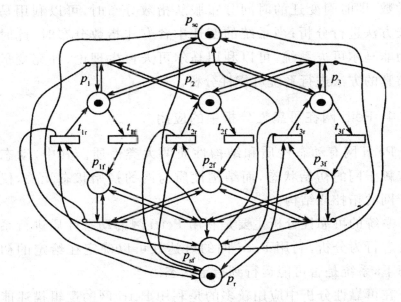

图 4-11　2/3 可修系统共享维修资源可靠性 Petri 网模型

以 n 个同型部件和一个维修设备组成的可修冷储备系统为例,此系统的可靠性 Petri 网模型如图 4-12 所示,其中,p_c 表示系统中所有处于好状态的部件库所,中间的黑点个数为部件个数,p_r 表示维修资源库所,中间一个黑点表示只有一个维修设备,p_{1f} 表示系统中失效部件库所,当 p_c 库所中没有黑点(托肯)时,系统失效。

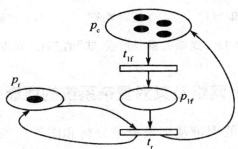

图 4-12　可修冷储备系统的可靠性 Petri 网模型

建立系统的可靠性分析模型后，即可利用状态方程得到系统的状态可达图，从而得到系统的状态空间。当系统中所有变迁率为常数，即时间变迁的时间分布服从指数分布时，可以利用马尔可夫方法进行分析；当系统的变迁中含有非指数分布时，此时系统为非马尔可夫系统，可以利用马尔可夫再生理论、补充变量或者仿真的方法进行系统可靠性分析。

4. Petri 网在可靠性分析中的应用

Petri 网有动态性质和结构性质两大类性质。其中，动态性质依赖于网的初始状态，而结构性质与网的初始状态无关，仅取决于网的拓扑或结构。

系统的可靠性分析主要是利用 Petri 网的动态性质进行系统的动态行为分析，利用 Petri 网的可达性可以确定在给定的初始状态下，系统是否可能运行到指定状态。

在可靠性分析中应用较多的是利用 Petri 网的逻辑描述能力代替故障树进行系统的可靠性分析建模。常用的逻辑关系"与、或、非"的 Petri 网表示如图 4-13 所示，将故障树模型转换为相应的 Petri 网模型。

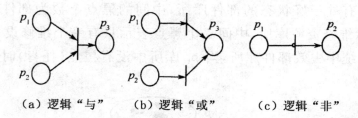

（a）逻辑"与"　　（b）逻辑"或"　　（c）逻辑"非"

图 4-13　逻辑关系"与、或、非"的 Petri 网表示

4.2.2　Bayes 网络及其对复杂系统的可靠性建模

Bayes 网络的理论基础是概率分析和图论。表示一种赋值的复杂因果关系网络图，网络中的每一个节点表示一个变量，即一个事件，各变量之间的有向弧表示事件发生的直接因果关系，并通过条件概率将这种关系数量化,可以描述随机变量因果集的联合概率分布,是一种将因果知识和概率知识相结合的信息表示框架。利用定性信息确定网络拓扑结构和利用定量信息表示变量的联合概率分布,是 Bayes 网络的本质属性。

1. Bayes 网络的数学描述

给定一个随机变量集 $X = \{X_1, X_2, \cdots, X_n\}$,$X_i$ 是一个 m 维向量,X 的 Bayes 网络就是图形化变量集的联合概率分布,基本定义如下:

$$B = \langle D, P \rangle$$

D 表示有向无环图,有向无环图中的节点对应于集合 X 中的随机变量 $X_1, X_2, \cdots, X_n$,弧代表节点之间的依赖关系。在 Bayes 网络中,没有有向弧输入的节点为根节点,有有向弧输入的节点为子节点,有有向弧输出的节点为父节点。如果有一条弧由节点 X_i 指向节点 X_j,则称节点 X_i 是 X_j 的父节点,而节点 X_j 则是 X_i 的子节点。

P 表示用于量化网络的一组参数。对于有向图 D 的根节点要确定先验概率,以 $p(X_i)$ 表示变量 X_i 为真的无条件或先验概率。对于子节点要确定在父节点不同状态下的条件概率,以 $p(X_j | X_i)$ 表示变量 X_i 为真时节点 X_j 为真的概率,联合概率分布 $p(X_1, X_2, \cdots, X_n)$ 表示为

$$p(X) = p(X_1, X_2, \cdots, X_n) = \prod_{i=1}^{n} p(X_i | \pi_i)$$

Bayes 网络以图形的形式表达了在一定域内的联合概率分布,如一个简单的 Bayes 网络结构 $\omega \to x \to y \to z$,想知道 z 存在条件下,ω 发生的概率 $P(\omega|z)$,由条件概率的公式,可得

$$P(\omega | z) = \frac{P(\omega, z)}{P(z)} = \frac{\sum_{x,y} P(\omega, x, y, z)}{\sum_{\omega,x,y} P(\omega, x, y, z)}$$

$P(\omega, x, y, z)$ 就是 Bayes 网络决定的联合概率分布,因系统的状态数与节点数呈指数分布,直接计算联合概率分布一般不具

有可行性,有必要寻找一种更加简单、有效的统计推断方法。在 Bayes 网络中引入条件独立关系,可使计算过程简化,即在应用 Bayes 网络研究复杂系统时,通常只考虑直接因果关系,忽略间接因果关系。例如,燃气发生器故障,可能导致涡轮泵故障,涡轮泵故障导致系统出现故障,燃气发生器是导致系统出现故障的间接原因;在应用 Bayes 网络中,通常只考虑涡轮泵故障对系统可靠性的影响,而无须再考虑燃气发生器故障对系统可靠性的影响,燃气发生器是通过影响涡轮泵的可靠性来影响系统可靠性。

根据 Bayes 网络在 $X = \{X_1, X_2, \cdots, X_n\}$ 上的局部条件概率分布和条件独立性质,可将联合概率分布重新表示为

$$P(X_1, X_2, \cdots, X_n) = \prod_{i=1}^{n} p(X_i \mid X_1, X_2, \cdots, X_{i-1})$$

对于每个 X_i,存在一个子集 $\Pi_i \subseteq \{X_1, X_2, \cdots, X_{i-1}\}$,使得 X_i 与 $\{X_1, X_2, \cdots, X_{i-1}\}/\Pi_i$,在给定 Π_i 的前提下条件独立,有

$$P(X_i \mid X_1, X_2, \cdots, X_{i-1}) = P(X_i \mid \Pi_i)$$

简化 Bayes 网络的基本任务就转化为找到子集 Π_i,X_i 仅依赖于 Π_i,子集 Π_i 的范围远远小于 $\{X_1, X_2, \cdots, X_n\}$。在这种情况下,可采用局部 Bayes 网络进行概率推断,变量 $X_1, X_2, \cdots, X_n$ 分别与网络中的节点相对应,X_i 的父节点是 $\{X_1, X_2, \cdots, X_n\}$ 子集 Π_i 中的点。

在 Bayes 网络图中,每个节点 X_i 的概率与条件概率分布 $P(X_i \mid \Pi_i)$(X_i 状态 Π_i 上的一个概率)相对应,可以通过专家信息、试验数据及先验信息等方法确定。具有节点 $\{X_1, X_2, \cdots, X_n\}$ 的 Bayes 网络确定了唯一的联合概率分布。

预先确定 Bayes 网络中的节点,再绘制出与这些节点有直接影响的有向弧,在这种情况下,节点的条件独立关系是比较准确的。在条件独立的假设下,有

$$P(\omega \mid z) = \frac{P(\omega, z)}{P(z)} = \frac{\sum_{x,y} P(\omega, x, y, z)}{\sum_{\omega, x, y} P(\omega, x, y, z)}$$

$$= \frac{P(\omega) \sum_x P(x \mid \omega) \sum_y P(y \mid x) P(z \mid y)}{\sum_\omega P(\omega) \sum_x P(x \mid \omega) \sum_y P(y \mid x) P(z \mid y)}$$

该式表明,采用条件独立方法可以有效降低研究问题的维数,使统计推断更加简单。

2. Bayes 网络的推理形式

Bayes 网络主要有以下三种推理形式。

1)支持推理

提供解释以支持发生的现象,目的是对原因之间的相互影响进行分析。

2)诊断推理

诊断推理即由结论推知原因,是由底向上的推理。目的是在已知结果时,根据 Bayes 网络推理计算,得到造成该结果发生的原因概率。

3)因果推理

因果推理即由原因推知结论,是由顶向下的推理。已知一定的原因(证据),采用 Bayes 网络,计算在该原因情况下结果发生的概率。

3. Bayes 网络的建模步骤

Bayes 网络的建模可以分为三个阶段、八个过程,具体步骤如图 4-14 所示。

(1)明确研究问题。

①确定相关变量,明确 Bayes 网络建模的边界范围;

②确定所研究问题的网络拓扑结构,并在建模过程中尽可能简化网络结构;

③将变量表示为统计量。

(2)Bayes 网络的赋值。对各节点进行赋值,包括确定根节点的先验概率、其他节点的条件概率,是建模过程中最困难的一步。

(3)Bayes 网络的推断。对于事件变量,其信息通过信念传播算法,进入 Bayes 网络,再通过条件概率改变网络中其他节点的概率分布,这个过程称为信息传播和概率推断。对于简单 Bayes 网络,现有的算法就可以进行推断;对于复杂的 Bayes 网络,则要采用近似算法。

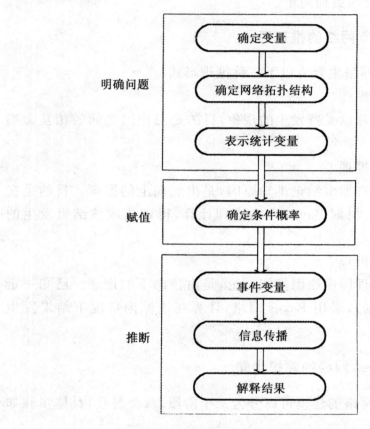

图 4-14　Bayes 网络建模过程

4.3　基于 Bayes 网络的复杂系统可靠性分析

4.3.1　基于 Bayes 网络的 FMEA 建模

复杂系统一旦出现故障,不仅造成重大经济损失,而且会危及人身安全。故障模式及影响分析(FMEA)有助于在设计初期鉴别出潜在的故障及其危害性,是可靠性管理工作中的重要内容。由于 FMEA 分析要求具有较强的工程背景,本节的研究内容以液体火箭发动机为例进行说明。

液体火箭发动机系统非常复杂,致使 FMEA 建模中存在很多不确定性因素。采用 Bayes 网络方法研究液体火箭发动机的FMEA,存在两方面障碍:一是如何确定合理的 Bayes 网络结构;二是如何提取各节点的概率。

现根据不确定性决策及小子样的特点,对传统的 Bayes 网络方法加以改进,提出符合液体火箭发动机特点的复杂系统 Bayes网络建模方法,定量评估发生各类故障的概率,从而实现对液体火箭发动机可靠性的过程控制。

1. 基于 Bayes 网络的 FMEA 方法

1)基于 Bayes 网络的 FMEA 方法的优点

与传统的 FMEA 方法比较,基于 Bayes 网络的 FMEA 方法具有以下优点。

(1)便于在不确定信息的情况下进行 FMEA 分析的知识推理。

(2)Bayes 网络方法将液体火箭发动机的故障模式、故障概率和严酷度统一到一个框架结构中。

(3)Bayes 网络方法可综合利用各种来源的信息,如专家信息和试验数据,在较小的试验样本情况下进行 FMEA 分析,以节约研制费用,缩短研制周期。

(4)Bayes 网络方法通过因果关系图研究液体火箭发动机的FMEA,便于处理复杂系统关系,且随着知识的积累不断变化网络结构和概率,提高 FMEA 分析功能。

2)基于 Bayes 网络的 FMEA 过程

液体火箭发动机的 FMEA 是根据发动机可靠性框图,按照一定规则有步骤地分析发动机每一种功能可能的故障模式、每一故障模式对发动机的影响及故障后果严重程度。

Ⅰ类:灾难性故障,造成人员伤亡和系统破坏。

Ⅱ类:导致任务失败。

Ⅲ类:导致未入轨或终止发射。

液体火箭发动机的 FMEA 是进行 Bayes 网络建模的基础,液体火箭发动机的 FMEA 见表 4-3。

表 4-3　液体火箭发动机的 FMEA

序号	组件名称	功能	故障模式	故障效应	严酷程度
1	氢泵离心轮	增加液氧动压、静压	叶片撕裂、非正常磨损	泵性能下降,振动大,影响发动机工作	Ⅱ
2	氢泵螺壳	将液氧动压变成静压	壳体出现裂纹	将液氢通过壳体向外泄漏,导致发动机爆炸	Ⅱ
3	氢涡轮转子	为涡轮泵提供转动能量	叶片根部裂纹,轮盘盘面变形,叶片表面烧蚀积碳	影响氢涡轮泵及发动机性能	Ⅱ
4	氢泵诱导轮	提高泵的气蚀性	叶片撕裂、非正常磨损	泵性能下降	Ⅱ
5	氢涡轮盖	与涡轮转子一起作为动力源	喷嘴喉部积碳	影响涡轮氢泵及发动机的性能	Ⅲ
6	轴承	支撑涡轮泵转子	滚珠碎导致支架碎	转子破坏,试车失败	Ⅱ
7	氧泵离心轮	增加液氧动压、静压	叶片撕裂	泵性能下降,振动大,影响发动机工作	Ⅰ、Ⅱ
8	氧泵螺壳	将液氧动压变成静压	壳体出现裂纹	液氧通过泵壳泄漏,发动机爆炸	Ⅱ
9	氧涡轮转子	为涡轮泵提供动能	叶片表面积碳	影响涡轮泵及发动机的性能	Ⅱ
10	氧泵诱导轮	提高泵的气蚀性	叶片撕裂,非正常磨损	泵性能下降	Ⅱ

续表

序号	组件 名称	功能	故障模式	故障效应	严酷 程度
11	氧涡轮盖	与叶轮一起作为涡轮泵动力源	喷嘴喉部积碳	影响涡轮泵、发动机的性能	Ⅲ
12	密封	防止冷却轴承的液氢泄漏	石墨环摩擦加大，膜盒变形	液氢或氧泄漏，影响发动机性能及可靠性	Ⅰ、Ⅱ
13	主管路 R 支路	输送燃料	焊缝撕裂	起火和关机	Ⅱ
14	氧化剂副系统管路	输送氧化剂	断裂	发生器氧化剂丧失	Ⅱ
15	燃料副系统管路	输送燃料	断裂	性能下降，起火和关机	Ⅱ
16	燃料主导管	输送燃料	泄漏	喷燃料，起火和关机	Ⅰ
17	推力室	推动作用	冷却通道泄漏、撕裂	推力下降	Ⅱ
18	电缆		失稳	发动机不能正常工作	Ⅱ
19	摇摆软管	输送推进剂	失稳、断裂	摇摆失效及发动机失效	Ⅱ
20	换热器	转换能量	法兰盘端面漏	漏火、试车失败	Ⅱ
21	膜片	二次启动	二次启动时破裂	发动机不能正常工作	Ⅱ
22	电爆管	点火	未发火	点火失效，发动机试车失败	Ⅱ、Ⅲ
23	火药启动器	启动涡轮	点不着、爆燃	试车失败	Ⅱ
24	氧稳压阀	控制压力	卡死	不能起调节作用，发动机性能下降	Ⅱ

序号	组件名称	功能	故障模式	故障效应	严酷程度
25	氢、氧副控阀	控制介质流动	活门失效	发动机爆炸	Ⅱ
26	氢、氧主阀	控制介质流动	不密封	介质外漏、发动机起火	Ⅱ
27	氧泄出阀	预冷泄出	打不开、关不上	不能工作,试车失效	Ⅱ
28	单向阀	对燃烧室吹除	活门卡死	不能工作,试车不能进行	Ⅲ
29	减压器	控制气路系统	柱塞卡死	性能不好,试车失败	Ⅱ
30	燃气发生器	提供涡轮工质	冷却段烧蚀,内腔爆炸	发动机不能正常工作	Ⅲ、Ⅲ
31	喷管延伸段	增加推力	失稳、起火和管子烧毁	发动机性能下降或破坏	Ⅰ、Ⅲ

2. FMEA 的 Bayes 网络定性建模

1)确定 Bayes 网络中节点

液体火箭发动机 FMEA 的 Bayes 网络中主要有三类节点。

(1)征兆节点,可以通过观测直接得到。

(2)故障原因节点,由可能导致系统发生故障的组件组成,有正常(N)和故障(F)两种状态。节点可分为系统、分系统以及组件三级结构。

(3)表示故障严重程度的节点,这类节点只与系统征兆节点有联系,说明故障的影响程度,在资源有限的情况下,可以确定优先改进的故障。

2)确定节点间的因果关系

对于复杂系统的 Bayes 网络,节点间的因果关系主要有三种形式,如图 4-15 所示。

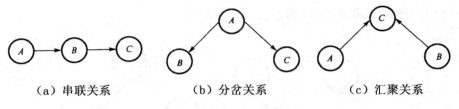

| （a）串联关系 | （b）分岔关系 | （c）汇聚关系 |

图 4-15　节点之间的因果关系

串联关系表示节点 A 的出现将导致节点 B 的出现，节点 B 的出现将导致节点 C 的出现。节点 A 的出现不直接导致节点 C 的出现，只有节点 B 的出现直接导致节点 C 的出现，并将节点 A 和节点 C 的物理隔离开。

分岔关系表示节点 A 的出现将导致节点 B 和节点 C 出现，节点 A 将节点 B 和节点 C 隔离开，节点 B 和节点 C 之间没有直接的因果关系。

汇聚关系表示节点 A 和节点 B 的单独出现或共同出现将导致节点 C 的出现。汇聚关系是 Bayes 网络中最重要的关系，表示节点之间的条件因果和解决问题的思路。

3）Bayes 网络结构模块化

复杂系统的 Bayes 网络建模应采用模块化结构，再由各模块共同组成整个系统的 Bayes 网络结构。图 4-16a 所示为 4 节点（A、B、C、D）的 Bayes 网络结构图，每个节点有 4 种状态，条件概率 $p(A|B,C,D)$ 一共有 $4^4=256$ 个取值。引入节点 S，如图 4-16b 所示，就可以将这一个条件概率分布表 $P(D|A,B,C)$ 分解为两个条件概率表 $P(A|B,S)$ 和 $P(S|C,D)$，引入新的节点后就有可能用 $4^2+4^2=32$ 个概率值代替原来的 256 个概率值。

建立模块化 Bayes 网络的关键是如何确定模块化结构。模块化结构实际上是根据不同节点的特性，将不同节点隔离开，模块内的节点应与模块外的节点相互独立；而且在模块内添加的综合节点，应满足不同父节点对综合节点的条件概率可以交换。以图 4-16 为例，对于父节点 C 和 D 说，它们对子节点 A 的影响是可

交换的。节点 S 状态取值将影响条件概率 $P(A|B,S)$，而节点 C 和 D 的改变都不会影响节点 S 的状态。

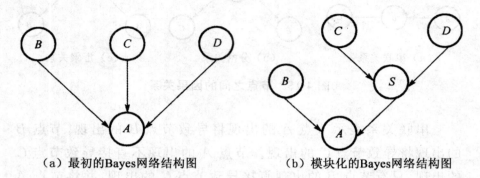

（a）最初的Bayes网络结构图　　　　（b）模块化的Bayes网络结构图

图 4-16　4 节点的 Bayes 网络结构图

综合所述，确定液体火箭发动机 FMEA 的 Bayes 网络拓扑结构，如图 4-17 所示。

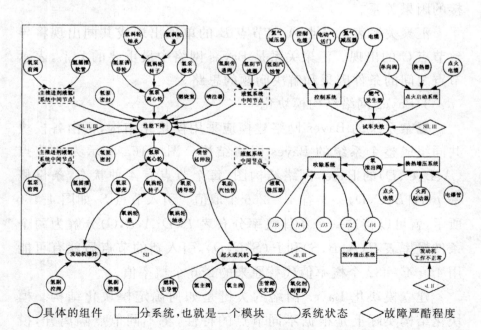

图 4-17　液体火箭发动机 FMEA 的 Bayes 网络拓扑结构

结合图 4-17,对定性建模说明如下:

(1)表 4-3 列出的故障模式对当前我国研制的液体火箭发动机具有通用性,实际应用中可根据不同型号发动机的特点适当省略某些故障模式。

(2)液体火箭发动机属于特高可靠性系统,试验中暴露出的故障模式一般是由于组件协调性不够所导致的。因此,在发动机整机试车过程中,具体到某一组件,故障模式都是唯一的。

(3)在绘制 FMEA 的 Bayes 网络拓扑结构图中,最底层的节点应是不同的故障模式。

(4)在图 4-17 中,网络的层次结构是由各组件的故障影响决定的,有些组件可能直接影响发动机系统,有些组件则通过影响其他组件间接影响发动机系统。

基于 Bayes 网络的 FMEA 方法是一个新生事物,不仅可应用于液体火箭发动机系统,而且可以进一步扩展到其他系统中,但在具体应用中应注意以下问题。

(1)一般系统对组件可靠性的控制远不如航天类产品,需要对每种故障模式进行详细分析,而不能直接以组件代替具体的故障模式,否则可能会过分简化问题,导致分析结果错误。

(2)基于 Bayes 网络的 FMEA 定性建模同传统的 FMEA 方法没有本质区别,是在此基础上的进一步延伸。可以采用传统的方法制成 FMEA 表,然后进一步将 FMEA 表转化成 Bayes 网络的拓扑结构以表达组件之间的复杂因果关系,表与图之间具有一一映射关系。

(3)影响基于 Bayes 网络的 FMEA 方法在实际工程中应用的主要因素是该方法增加数据需求量,难点在定量建模部分。

3. FMEA 的 Bayes 网络定量建模

确定 Bayes 网络结构后,FMEA 定量建模主要涉及节点赋值和概率推断两方面内容。

在如图 4-17 所示的液体火箭发动机 FMEA 建模中,通常存在的一种情况是多个组件共同影响某个组件的状态或系统状态，也就是说在 Bayes 网络图中某个子节点具有 n 个父节点。假设结果节点 E 具有 n 个父节点 $C_1, C_2, \cdots, C_n$，所有节点都具有正常（N）和故障（F）两种状态。具有 n 个父节点的子节点 E 就有 2^n 个条件概率取值。而这样大的数据需求量不仅增加了统计推断的难度和可操作性，而且这些数据一般不容易取得，主要原因如下。

（1）在试验条件下有时很难验证几种因素相互作用可能产生的结果。

（2）液体火箭发动机试验费用昂贵，很难做大量系统试验，即使是分系统级试验也非常有限。

（3）专家面对如此大的信息需求，也很难给出各种原因相互作用产生结果的概率，即使是能够给出，其精度和可信度也值得推敲。

综上所述，基于 Bayes 网络的液体火箭发动机 FMEA 建模面对的是不完备数据结构，且在统计推断上又要求一定程度的简化。

变量之间的条件独立能在一定程度上降低 Bayes 网络对数据的需求量，并简化统计推断过程。如两个变量 A、B，相对于第三个变量 C 条件独立，因此有 $P(A|C,B)=P(A|C)$，也就是说如果知道了 C 的概率值，不管 B 的取值如何，都不影响变量 A 的概率值。

针对条件独立关系，Kim 和 Pearl E 于 2013 年建立了 Noisy-OR 模型，该模型可以降低数据需求，并提高统计推断效率。这个模型成立的基本条件就是针对问题的性质添加限制条件，采用小的局部 Bayes 网络结构，在这个小的 Bayes 网络图中，各变量相互独立，重新确定 Bayes 网络结构图，并进行统计推断。在这种假设下，只需要确定 $P(E|C_i)$ 和 $P(\bar{E}|\bar{C_i})$ 等 $2n$ 个参数就可以完成对整个 Bayes 网络的推断，如图 4-18 所示。

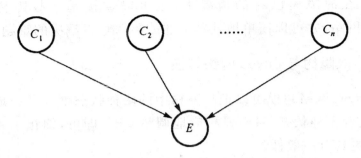

图 4-18　多因素影响结果节点的 **Bayes** 网络拓扑结构图

4.3.2　基于故障树和 Bayes 网络的可靠性分析

1. 故障树分析与 Bayes 网络

在可靠性分析中,故障树分析是一种最基本的也是最常用的方法,其应用有以下 3 种基本假设:

(1)事件的状态有两种,工作或者失效;

(2)各个事件之间是独立的;

(3)事件之间有逻辑门联系。

通常故障树分析的程序为选择顶端事件、建立故障树以及定性或定量地评定故障树。定性分析主要是把顶端事件的逻辑表达分解为基本的最小割集,定量分析是在基本事件发生概率给定的条件下,计算顶端事件发生概率以及任一个逻辑子系统内部事件的概率。故障树分析本质上是一种图形方法,更形象、直观;可以围绕一个或一些特定的失效状态进行层层追踪分析,在清晰的故障树图示下,能了解故障事件的内在联系及单元故障与系统故障间的逻辑关系。

应用故障树进行故障诊断分析时,要求得最小路集或最小割集,采用不交化方法,计算量大。如要计算系统中某一部件或多个部件对系统故障的影响时,计算难度大,有时甚至无法计算。

Bayes 网络技术的应用为解决故障树方法的不足带来希望。借助 Bayes 网络,可以根据系统中元件间的逻辑关系直接建立故障树。在故障树已有的情况下，也可以直接基于故障树生成 Bayes 网络，并可以简单地处理上述故障树难以解决的难题。

2. 故障树与 Bayes 网络转换

Bayes 网络建模可以把故障树中的两种状态事件考虑成三种状态或者多种状态，只需要相应地调整 CPT 即可，细化了系统的分类，更具有一般性。

将故障树转换成相应的 Bayes 网络，就是将逻辑门关系用 Bayes 网络节点和 CPT 来表达。从推理过程和对系统状态的描述来看，故障树向 Bayes 网络的映射基于两个原则，即 Bayes 网络中的节点与故障树中的事件是一一对应的，Bayes 网络中的条件概率分布是故障树中逻辑门关系的反映。

从故障树到 Bayes 网络的转换主要分为以下几步：

（1）把故障树的每个基本事件对应到 Bayes 网络的根节点；

（2）根据逻辑门和节点的对应关系，用有向弧连接根节点和各子节点表明之间的关系；

（3）对应故障树给出 Bayes 网络的先验概率，对应逻辑门给出对应节点等价的 CPT，CPT 由逻辑门关系自动生成。

图 4-19～图 4-21 所示为如何将故障树转化为 Bayes 网络的过程，其中 0 表示正常、1 表示退化、2 表示失效。由于 Bayes 网络本身节点变量间的条件独立性，避免了单独处理的不交化和最小割集的计算过程，可以在很大程度上减少了计算量。

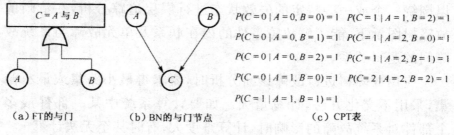

图 4-19 与门的故障树和 Bayes 网络

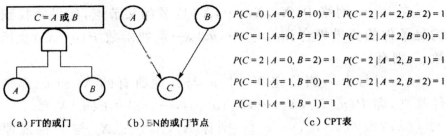

（a）FT的或门　　　　（b）BN的或门节点　　　　　　　（c）CPT表

图 4-20　或门的故障树和 Bayes 网络

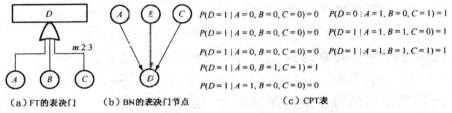

（a）FT的表决门　　　（b）BN的表决门节点　　　　　　（c）CPT表

图 4-21　表决门的故障树和 Bayes 网络

为简化数据要求与推断关系,可以为每个原因节点 X_i 引入一个隐节点 u_i,将对应信息包含于隐节点的条件概率表 $P(u_i|X_i)$ 中,从而用来表示每个原因单独对结果的影响。之后将所有原因节点对结果的作用通过一个函数 $Y=f(u_1,u_2,\cdots,u_n)$ 来定义,其中 f 表示任意相关关系的函数。根据函数 f 的取法不同,该模型涵盖了许多原因独立性问题,扩展了原因独立性假设的范围。如图 4-22 所示。

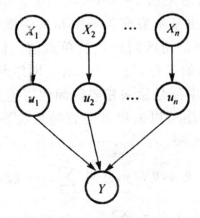

图 4-22　原因独立模型

在 Bayes 网络中，$X_1,X_2,\cdots,X_n$ 是 Y 的父节点，如果能找到满足条件的变量集合 $\{u_1,u_2,\cdots,u_n\}$、一系列函数 $P(u_i|X_i)$ 及函数 f，则有：

（1）对每个 i，当给定 X_i 时，u_i 与其他所有的 X_i 和 u_i 都条件独立，即 $P(u_i|X_1,X_2,\cdots,X_n;u_1,u_2,\cdots,u_n)=P(u_i|X_i)$。

（2）$Y=f(u_1,u_2,\cdots,u_n)$。则称 $X_1,X_2,\cdots,X_n$ 与 Y 构成原因独立。

即任意函数 f 如果满足形式

$$Y=f(u_1,u_2,\cdots,u_n)=u_1 u_2 \cdots u_n$$

就将这种特殊的原因独立称为可分解的原因独立。

在一个 Bayes 网络中，父节点为 $X_1,X_2,\cdots,X_n$，子节点为 Y，如果该网络可分解的原因独立，则有

$$P(Y=a \mid X_1,X_2,\cdots,X_n)$$
$$=\sum_{a_1,a_2,\cdots,a_n \mid a_1 \times a_2 \times \cdots \times a_n = a} \prod_{i=1}^{n} P(u_i = a_i \mid X_i)$$

3. 区间 Bayes 网络建模

对于不能完全确定失效率的情形下，常常用一定的区间值来表示它所处的范围。因此，基于故障树的 Bayes 可靠性分析可引入区间 Bayes 网络，以解决无法完全确定失效率的情况。

区间 Bayes 网络是由 Draper 等于 1995 年提出的，是 Bayes 网络的一种推广，也是由有向无环图和条件概率表组成，区别在于节点的条件概率是用区间来代替单点值。区间 Bayes 网络是一系列 Bayes 网络的集合，每一个 Bayes 网络都保留原来的有向无环图，节点的概率值是原来相应区间内可连续取得的数值。

区间 Bayes 网络可以采用贪婪背包算法。贪婪背包算法假设有一系列的闭区间，$x_1,x_2,\cdots,x_n$ 和 $y_1,y_2,\cdots,y_n$ 可以得到 $\sum_{i=1}^{n} \text{}^{\text{int}} a_i \cdot \theta_i$，其中 $a_i \in x$，$\theta_i \in y$，并且 $\sum_{i=1}^{n} a_i = 1$。在这里 int 表示其值也是一个闭区间，上界为 $\sum_{i=1}^{n} \text{}^{\text{int}} a_i \cdot \theta_i$ 的最大值。$a_i \in x$ 求出最

大值时，θ_i 一定是 y_i 的上界，记为 u_i。区间 Bayes 网络就可以转化为连续背包的一个特例问题：从 n 个不同的集合中向单位权重总量的背包中填充。这里从第 i 个集合中拿出的值为 y_i，权重限制在集合 x_i 中，目的是使得最后的总值达到最大。分段贪婪算法求解这个问题的步骤是把 u_i 按降序排列，在这种序下，尽量多地把当前集合放入背包中。这种放入遵循两个原则：一是权重必须限制在相应的集合 x_i 中；二是已经安排的权重必须不大于余下权重的区间下界的和，这就保证了后面计算中的权重还能够取得。

4.3.3 基于 Bayes 网络的故障原因分析

复杂系统结构关系复杂，难以准确确定故障原因。基于 Bayes 网络的故障原因分析有别于前面的正向推理形式，它采用逆向推理形式来分析故障原因。现以液体火箭发动机为具体研究对象。

1. 故障原因分析建模

1）确定故障原因分析的问题

根据液体火箭发动机的故障模式，确定与故障相关的子系统和组件。对故障原因分析的问题描述要全面、谨慎，才能保证故障原因分析建模的准确性。

2）建立 Bayes 网络

根据确定的故障征兆节点，绘制液体火箭发动机故障的因果关系图，并确定各根节点的先验概率和其他节点的条件概率。鉴于故障原因分析采用逆向推理形式，可采用 D-Seperation 方法建模。

3）基于 Bayes 网络的故障诊断

以液体火箭发动机的故障征兆节点为起始点，依据各节点与状态节点的距离分层；找出与状态节点距离最近层中最大概率的节点，对其进行观测。之后采用前面提出的 Leaky Noisy-OR 模型计算,直至达到概率最大的根节点,最后达到的故障节点即为故障原因。

2. D-Seperation 方法

在故障原因分析的 Bayes 网络模型中,主要有三类节点,即原因节点、中间节点和征兆节点。这些节点与弧组成故障诊断的 Bayes 网络结构,包含所有与征兆节点状态相关的节点。故障原因分析的 Bayes 网络建模主要采用 D-Seperation 方法建模。

假设 X、Y 和 Z 是节点集合中不相交的子集,对于有向图 D,子集 Z 将 X 和 Y 隔离开,表示成 $(X,Y,Z)_D$,子集 X 和 Y 中的节点无有向弧连接,服从以下两个假设:

(1)子集 X 和子集 Y 中的节点是 Z 的子节点,或者是 Z 的父节点;

(2)除子集 X、Y 的父节点、子节点外,其余的节点均不在子集 Z 中。

满足以上两个假设的节点称为"激活"节点,其余节点称为"休克"节点。

图 4-23 所示为采用 D-Seperation 方法的三种不同图形。

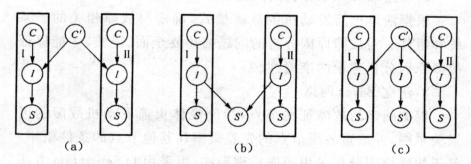

图 4-23　3 种不同的 D-Seperation Bayes 网络结构

3. D-Seperation 方法步骤

(1)从故障征兆和故障原因出发,在激活的路径上添加所有与观测节点相关的节点和有向弧。当满足以下三点时,该过程停止。

①当遇到非观测节点时；

②某个路径的一段为 $I{\rightarrow}S{\leftarrow}I'$，未观测到故障征兆 S；

③某个路径的一段为 $C{\rightarrow}I{\leftarrow}C'$，未观测到 I 的故障征兆。

（2）对未观测到的故障，如果根节点不在网络结构中，就添加相应的节点。

（3）结束。

图 4-24 所示为上述过程示意图，图 4-24a 为故障原因分析最初的 Bayes 网络拓扑结构，图 4-24b 为 D-Seperation 方法建模第一个步骤结束后的 Bayes 网络拓扑结构，图 4-24c 为在建模第二个步骤结束后的 Bayes 网络拓扑结构。

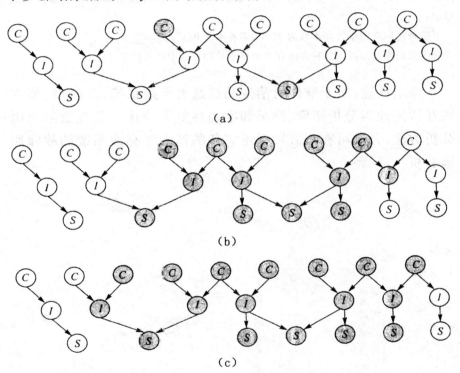

图 4-24　基于 D-Seperation 方法的 Bayes 网络拓扑结构图

现取某型液体火箭发动机研制阶段的 6 个故障为样本，同时采用 Bayes 网络、神经网络、Petri 网对其进行分析，对比结果见表 4-4。

表 4-4　3 种复杂系统故障原因分析方法结果对比表

方法	网络结构	复杂度	识别率[3] %
Bayes 网络	由物理结构决定的节点和弧组成	与征兆节点相联系的 n 个节点的 2^n 个条件概率,简单	100
神经网络[2]	NN(13,9,4)	复杂	66.67
Petri 网[1]	在物理结构基础上,由 6 元组(P,T,F,f,g,M)表示	对于 n 个库所、m 个变迁要确定 $n \times m$ 关联矩阵,根据阈值 T_p 确定激活库所,较复杂	83.33

注:①Petri 网中 6 元组含义依次为:P 为库所集;T 为变迁集;F 为 PT(或 TP)之间的有向弧;f 为 $P \rightarrow T$ 有向弧上的函数;M 为对 Petri 网静态结构和动态特征的标记;

②神经网络的学习样本数为 20 个,误差率为 0.10;

③识别率是指以上三种方法在 6 个样本故障诊断中的正确率。

　　综上所述,对于液体火箭发动机这类复杂系统,Bayes 网络方法在故障原因分析速度、结果和准确性等方面优于其他故障原因分析方法,并且可在输入数据不完备的情况下完成系统的故障原因分析。

5　复杂产品系统管理

本章主要对复杂产品系统(Complex Product System,CoPS)管理进行研究,主要内容包括复杂产品系统创新的重要性、复杂产品系统创新过程管理、复杂产品系统创新的组织管理、复杂产品系统创新中的知识管理、复杂产品系统创新的质量控制模型研究。

5.1　复杂产品系统创新的重要性

5.1.1　复杂产品系统是科技创新的新形式

当今,全球竞争越来越体现为经济和科技实力的竞争,而技术创新则日益成为促进经济增长和提高科技竞争力的关键。随着知识经济时代的来临,越来越多的企业发现仅有良好的生产效率与足够高的质量的产品已不足以保持市场竞争优势,创新正日益成为企业生存与发展的不竭源泉和动力。

全球各个国家及国际组织都曾先后展开对技术创新理论的探索和实证研究。随着各种新技术的快速发展、全球经济一体化浪潮的不断加快,技术创新的性质已经发生了深刻的变化,技术创新已经从依赖数据、信息、仪器转向各种智力资本开发、积累和应用,以及各种知识的不断流动、转换、交融。

技术创新的演进都与特定的历史经济特征相关,都是建立在经济特征演化发展的基础上。因此,对技术创新未来发展趋势的认识不能离开对未来经济发展特征的理解和认识,对经济特征演化发展的正确认识能够使人们更好地开展对技术创新管理的研究。

迄今为止,经济的发展经历了两个非常重要的历史阶段,即非规模经济阶段和规模经济阶段。人们对这两个重要阶段的技术创新过程和作用机理有着广泛的、一致的认识,需要关注的是经济发展的下一个阶段模式的形式和内容。对下一个阶段的经济发展模式存在两种看法,其主要代表是美国和欧盟发达工业国家(图 5-1)。

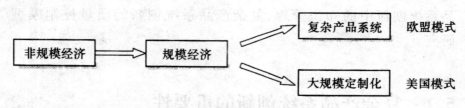

图 5-1   美国与欧盟产品创新模式比较

大规模生产模式,不仅可以获得生产上的规模经济,而且可互换的零件又让其获得相关产品上的范围经济,这使得产品的生产成本大大降低,大规模生产模式的理念是通过稳定性和控制力取得高效率,从而以几乎人人买得起的低价格提供产品和服务。但是需要有开发和制造的产品是标准化的、统一的大市场和稳定的需求等基础。

而欧盟发达工业国家则将复杂产品系统作为实现竞争优势的有效手段。通过复杂产品系统的研究开发,欧盟发达工业国家实现了产业的合理调整,并且在某些领域建立了核心竞争力,从而克服了欧盟劳动力成本高、资源相对不足等不利条件。

两种类型的创新带来了各自所在的国家或者地区经济的发展,并取得了令人瞩目的成就,奠定了它们在全球经济中的领先地位。而从我国的情况来看,虽然近年来经济高速增长,但现有的技术创新绝大多数是基于技术引进或模仿创新,突破性、基础性创新极少。为了实现创新战略模式的跃迁,我国的技术创新应尽快从单纯引进、模仿发达国家的科学与技术转向建立自主创新能力,实现从技术引进、消化吸收逐渐过渡到渐进式创新和基本式创新。复杂产品系统是基础型技术创新的一种主要形式,研究复杂产品系统创新过程对提升我国创新能力具有重要的现实意义。

5.1.2　复杂产品系统是提高国家战略竞争力的有效措施

技术创新现在已经成为国家竞争优势的关键,是一个国家在日益激烈的国际竞争环境中赖以生存和发展的基础,它关系到整个国家的强弱盛衰。

从技术扩散的角度来看,复杂产品系统由于涉及的技术种类多、技术含量高,其开发成功能够直接导致内嵌在复杂产品系统的各种模块技术应用到其他领域,这种技术扩散的速度远远快于普通产品创新,从而引起整个相关产业链的技术升级,带来国家竞争力的提升。复杂产品系统属于大型资本型产品,它们为生产"简单"产品以及提供现代化的服务创造了条件,是经济和社会现代化的支撑平台。

欧盟发达工业国家由于受资源的局限和人力成本相对高昂等多方面原因影响,在大规模制造产业中已经很难与美国、日本及东亚新兴工业化国家相抗衡,所以它们选择凭借学科综合、技术精湛的优势为客户定制生产复杂产品系统,使得欧盟工业发达国家能与其他国家和地区相竞争,并保持其领先地位。可以看出,复杂产品管理系统在国民经济发展中发挥了重要作用。

复杂产品系统最能体现一个国家的综合国力和科技竞争力,它能够使一个国家在当今以科技和知识为主导的国际竞争中占有相当的主动地位,同时还可以为国民经济的结构调整以及整体发展方向指出战略性的道路。可以说复杂产品系统的创新是一个国家在竞争加剧的国际环境中赖以生存和发展、提升国际地位的有效途径,是关系国家强弱盛衰的命脉。

5.2 复杂产品系统创新过程管理

5.2.1 复杂产品系统创新过程管理模式

通过对一些大型的、创新绩效好的复杂产品创新系统的研究,结合复杂产品系统创新的文献研究,系统提出复杂产品系统创新过程管理模式,如图 5-2 所示。

复杂产品系统创新过程管理模型与以前的普通产品创新过程的不同之处在于:①增加了功能分析、模块外包、系统集成三大阶段;②传统的研发、试制等过程包含在模块开发中;③整个过程是研发与制造的统一;④产品技术的应用与扩散随着交付过程一次性进入市场;⑤产品交付之后,有长时期的跟踪完善过程。

5.2.2 复杂产品系统创新过程各阶段的管理

根据前面提出的过程管理模式可以发现,复杂产品系统项目创新包括以下几个阶段:①复杂产品系统项目系统集成开发商根据用户需求进行系统功能分析和架构设计;②针对复杂产品系统产品结构特点或开发所涉及的技术特点进行系统模块分解与模块外包,把整个系统划分为若干个相对独立的模块或子系统以便进行创新;③每个模块分包商在获得开发任务之后,根据各自分包模块的功能需求与技术特点进行研发,然后将创新好的模块交给系统集成开发商进行系统集成与完善。下面对复杂产品系统创新每个阶段的管理方法进行分析。

1. 系统功能分析

复杂产品系统项目的系统功能分析是指对复杂产品系统项目的现实或潜在的市场需求进行分析。

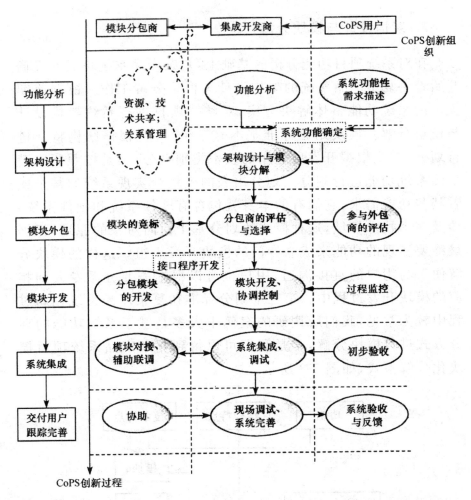

（资料来源：桂彬旺.基于模块化的复杂产品系统创新因素与作用路径研究[D]. 浙江大学,2006.）

图 5-2 复杂产品系统创新过程管理模式

现实需求是用户已经明确所需的复杂产品系统,潜在的市场需求指的是客户有使用新的复杂产品系统的意向,但市场没有类似产品,需求尚未明确。此时,集成开发商的高层次技术人员应该参与到用户的需求分析过程中提供技术支持。这些技术人员提出的复杂产品系统解决方案是根据用户需求定制所形成的,目的是初步满足用户的整体需求。

2. 架构设计与模块分解

在对系统项目功能分析的基础上,复杂产品系统集成开发商开始着手复杂产品系统的架构设计与模块分解工作。根据前期提出的系统功能整体解决方案,对整个项目进行系统架构设计与模块分解。模块划分标准基本有三个:一是根据结构特征进行划分,二是根据开发所应用的技术类别划分,三是按照所需满足的系统功能进行划分。划分出来的模块会实现系统的某个或者某些功能需求,它们有的本身就包含有软件系统和硬件系统,涉及多个技术领域,这种模式的划分基于面向对象的原理,根据最终要实现的功能来成立专门的模块开发小组。这样的模块分解便于与用户的直接沟通,用户也可以根据需要分派专人到相应的模块开发过程中。第三个划分标准在复杂产品系统创新过程中较为常见,我们所调研的案例中大多是基于系统功能的划分方式进行模块分解,于是我们可以得到复杂产品系统项目模块化分解模式,如图 5-3 所示。

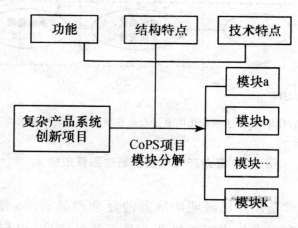

(资料来源:桂彬旺.基于模块化的复杂产品系统创新因素与作用路径研究[D].浙江大学博士论文,2006.)

图 5-3 复杂产品系统项目分解模式

分解后的一些模块还秉承整个复杂产品系统的复杂性,同样需要根据定制性的需求设计研制,甚至在一些大型的复杂产品系统项目中,划分出来的模块本身就是一个小型的复杂产品系统。

3. 模块外包

模块分解完成之后,集成商根据对自身能力的评估兼顾成本因素,确定自己内部完成的模块以及需要外包的模块。由于模块本身的复杂性以及贯穿在整个研发过程中的不确定性,使得对供应商的选择要异常谨慎,需要对外包供应商进行全面的评估,以确保被选择的分包商能够按时按量地完成模块的开发任务。合适的模块分包商会起到真正资源互补的作用,使得新产品系统的开发能够更好地进行下去。复杂产品系统项目模块外包模式如图 5-4 所示。

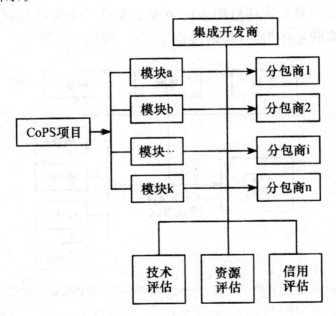

图 5-4 复杂产品系统项目模块外包模式

4. 系统集成

系统集成过程是复杂产品系统创新过程中的一个独特阶段，集成过程中出现的一些新问题会涉及各模块间的协调运作，需要通过联合调试来解决，最后使得整个系统能如同一台完整的机器那样正常运转。复杂产品系统集成在技术上分为两个层次：第一个层次是模块集成，就像一个大机器是由螺丝、螺栓以及各种部件组成，在复杂产品系统中，这些零部件换成了相对独立且较复杂的子系统或者模块。这些模块通过事先开发好的"接口程序"实现联结。第二个层次是技术的融合，最终转化为对用户的统一友好的界面。

复杂产品系统的系统集成开发商不一定要对构成系统的每个模块的详细技术都进行掌控，但必须了解和逐步掌握模块中的关键性技术，以体现对整个复杂产品系统的控制主导作用。

复杂产品系统项目的系统集成主要有三个关键问题，即复杂产品系统的整体架构、界面与技术标准，如图 5-5 所示。

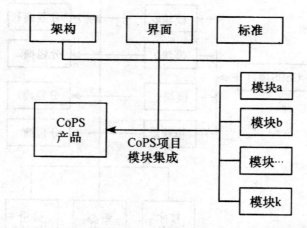

（资料来源：桂彬旺.基于模块化的复杂产品系统创新因素与作用路径研究[D].浙江大学博士论文，2006.）

图 5-5 复杂产品系统的集成模式

5. 系统调试与跟踪完善

复杂产品系统的交付不像大规模制造的产品只是简单买卖交付的瞬时行为,而是一个持续的过程。整个复杂产品系统在出厂之后,运抵用户方并进行安装和调试。现场的调试几乎是系统集成阶段在用户端的延续。用户、集成商和分包商组成跨项目小组,对复杂产品系统进行现场的测试,以确保复杂产品系统经过运输和安装后各模块未受损,并且能适应现场的工作环境。

交付过程随着系统的复杂程度的提升而延长,时间周期为1~12个月,技术的交接与转移是在用户的学习过程中完成的。用户的学习一是在参与整个复杂产品系统出现过程中进行的,二是集成商给用户的专门培训,从系统的操作到维护以及紧急处理方式等,这些工作都必须在交付过程中完成。

复杂产品系统在交付后,集成开发商仍要进行长期的跟踪服务与完善,解决用户在运行使用过程中不断出现的一些新问题,收集系统运行的信息反馈给模块分包商,并通过局部的修改完善解决这些问题。整个复杂产品系统也在此过程中不断被完善。这些反馈的问题和信息会在系统集成开发商的下一个类似的项目开发过程中得到有效规避,它们会直接被正在研发中的其他复杂产品系统的各个项目小组所获取,新的解决方法被采纳。

6. 复杂产品系统创新的过程管理模型

从以上分析可以得出:基于模块化的复杂产品系统创新是一个复杂的过程,在系统功能分析阶段注意识别 CoPS 用户的现实与潜在需求,在架构设计与模块分解阶段注意从产品结构特点、开发涉及的技术特点以及系统功能等三个方面划分模块;对模块外包商的选择要从技术能力、资源以及信用等角度来评价;系统集成要注意产品整体架构、模块的界面与技术标准等。这样我们便得到 CoPS 创新过程管理模型,如图 5-6 所示。

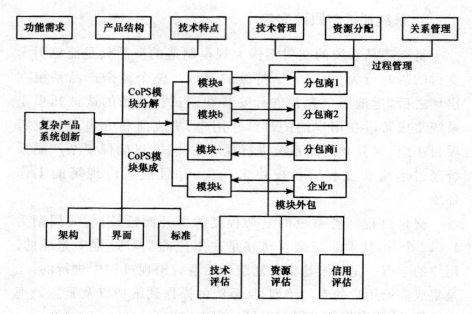

（资料来源：桂彬旺. 基于模块化的复杂产品系统创新因素与作用路径研究［D］. 浙江大学博士论文，2006.）

图 5-6　复杂产品系统创新过程管理模型

5.3　复杂产品系统创新的组织管理

复杂产品系统创新的组织管理主要有模块化管理和二元性组织模式两种方式。

5.3.1　模块化管理

模块化是分解复杂系统、降低产品研发费用、解决顾客定制化需求的一种较好的方法，作为一个技术概念最早出现在机械制造领域，在汽车与飞机的设计和制造中运用较多。20 世纪 90 年代，模块化开始频繁出现在企业和产业组织研究中，在信息化的今天，模块化策略正被越来越多的制造商应用于定制化产品设计过程中，这一趋势加速了企业将产品部件外包或从市场上购买部件的过程,同时也对企业技术创新模式产生了重要的影响。

1. 模块化的内涵

模块化的发展前提是大规模定制化。模块化不仅仅是将系统进行分解的行为,它还是一个进行系统有效整合集成的过程。模块化要比专业化分工复杂得多、精细得多。在进行模块化之前,不仅要有先进的技术和高效率的制度作为保障,也需要设计者对模块化的对象有充分的认识,不仅要具备进行模块化的可能性,而且也要具备模块化的必要性。

模块的研发是一种"允许浪费"的价模块研发主体,只要遵循可见部分的设计规则,就能够试验完全不同的工程技术,因而其信息处理和操作处理可以相互保密,从而使模块研发的多个主体同时开展研发成为可能。

模块化的构思和设计是一项复杂的系统工程,设计者通过公开的系统信息和保密的个别信息来实现模块化。每个模块的研发或改进不需要和其他模块在设计内容上进行协调,其信息处理能力和操作能力有了很大的提高,因此,一旦信息封闭体制和模块间界面标准化过程开始结合,二者之间就内生地形成一种相互增强的、共同演进的机制。

2. 模块化的作用

模块化为复杂产品系统定制化创造了条件,主要表现在以下几个方面:

(1)外包与技术合作的兴起,为技术创新的模块化创造了条件。大规模的技术合作要求企业通过部件外包、建立创新联盟等方式与外包商共同开发,而模块化使得产品创新能够并行展开,从而将产品创新管理过程中的各环节更加有效地联结起来;模块化设计和开发策略不仅给系统集成商带来影响,同时也促进模块供应商的发展。

（2）模块化为产品创新创建了良好的平台。在模块化构架下,产品创新在产品构架稳定的前提下,通过对功能模块的一系列操作——替代、添加等改变模块之间的连接关系快速生产出多样化的产品,节约产品创新和市场导入的时间。

（3）模块化为复杂产品系统定制化创造了条件。基于模块化的大规模定制模式不仅能够通过灵活性和快速响应来实现多样化和定制化,同时还可以通过大规模生产,生产出低成本、高质量、高定制化的产品和服务,从而为满足多样化市场需求及细分市场提供了可能。

3. 复杂产品系统创新模块化管理的组织管理

1)复杂系统的模块化的前提

复杂系统的整体行为是子系统之间协同的结果,具有非线性。一般情况下是整体大于部分之和,因此对于复杂系统的研究要强调整体性,不能简单地从局部行为去判断。成思危将复杂系统的特征概括为 5 个方面:①系统各单元之间的联系广泛而紧密,构成一个网络。每个单元的变化都会受到其他单元变化的影响,并会引起其他单元的变化。②系统具有多层次、多功能的结构,每一层次均成为构筑上一层次的单元。同时也有助于系统的某一功能的实现（突现）。③系统在发展过程中能够不断地学习并对其层次结构与功能结构进行重组及完善。④系统是开放的,它与环境有密切的联系,能与环境相互作用,并能不断地向更好的适应环境的方向发展变化。⑤系统是动态的,它处于不断发展的变化中,而且系统本身对未来的发展变化有预测能力。换言之,系统具有某种程度的智能和自组织能力。复杂性技术观认为,将复杂系统分解成若干个功能子系统分别进行分析和研究,并不是将系统整体看作是其各个子系统性质的简单叠加,而将整体看作是各功能子系统之间相互作用突现的结果,系统整体的性质与各子系统的性质并不存在必然的因果关系。

2)复杂系统模块化方法的研究

模块作为一种设计方法具有很多优点,不过,一个复杂系统要实现具有模块化的功能基本上要涉及两个过程,即模块分解化和模块集中化。模块分解化是指将一个复杂的系统或过程按照一定的联系规则分解为可进行独立设计的半自律性的子系统的行为。模块集中化是指按照某种联系规则将可进行独立设计的子系统(模块)统一起来,构成更加复杂的系统或过程的行为。模块分解化的过程并非是随意进行的,它必须遵循一定的规则。

5.3.2 二元性组织模式

1. 二元性组织概述

实证研究显示,不同的创新需要不同的组织结构。二元性组织是指既有能力、结构以及文化之间内部的不一致性,同时又拥有单纯的组织前景的组织,它是一种能使大型领袖企业同时进行渐进性和突破性变革的组织形式。

在二元性组织的模式下,一家企业往往存在两个不同的创新组织:从事带有突破性技术的复杂产品系统创新研究的独立组织和从事渐进性创新的主流组织。主流组织致力于渐进性创新,而带有突破性技术的复杂产品系统组织则致力于带有突破性技术的复杂产品系统创新,该组织是一个高度独立的内部组织,其能力、结构以及文化与原有的组织具有高度的不一致性。

2. 二元性组织模式的特点

二元性组织模式的含义是:在面临带有突破性技术的复杂产品系统创新时,企业可以通过二元性组织结构来摆脱困境,即一方面继续在企业主流组织中运用渐进性创新来稳定发展;另一方面及时转换思路,成立相对独立的突破性技术研发小机构。二元性组织模式强调在组织结构和文化上保持复杂产品系统创新与渐进性创新的隔离,使带有突破性技术的复杂产品系统创新组织独立于主流组织,并形成新的文化价值取向(图 5-7)。

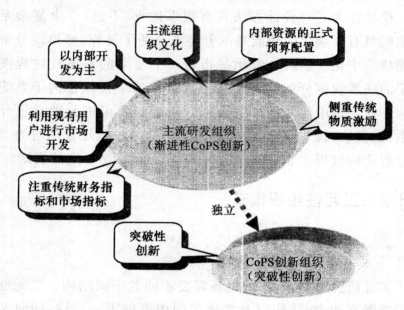

(资料来源:张洪石.突破型创新组织模式实践[D].杭州:浙江大学博士论文,2005.)

图 5-7　突破性复杂产品系统创新的二元性组织模式

3. 组织结构和文化的二元性

1)组织结构二元性

复杂产品系统创新要求"另辟蹊径",要求具有宽松的内部环境,勇于探索、容忍失败的氛围,以及拥有强烈的进取心、异质化的队伍。这与企业惯常的组织和延续性的创新不相容。所以要不扼杀、不阻碍带有突破性技术的复杂产品系统创新,必须采取"组织措施":在企业内部成立"小特区"或"另类组织"。这意味着组织结构的二元化。

从事带有突破性技术的复杂产品系统创新的组织是一个高度独立的内部组织。常见的组织形式有内企业、新事业发展部、创新小组、新产品开发委员会、虚拟创新组织。

2)组织文化的二元性

要克服成功企业文化方面的惰性,在组织结构保持独立性的同时,二元性组织模式还强调组织文化的隔离:主流组织倾向于渐进发展的文化价值取向;而突破性的复杂产品系统创新组织不受主流组织影响,形成锐意进取、鼓励创新、容忍失败的创新文化。在这个独立出来的小机构中,组织流程与公司本部完全不同,更加灵活,更具有弹性。重要的是,公司所执行的突破性技术创新战略体现在这个小机构中,没有受到任何干涉。对日本佳能、本田等产生了突破性技术创新的大企业的研究也表明,这些公司也都是另外组建一个小组来进行的。为避免二元性组织间的摩擦与冲突,一般由受人尊敬的元老级人物负责。同时还与原有组织分离,实行"一厂两制"。

5.4 复杂产品系统创新中的知识管理

5.4.1 知识管理的界定

知识管理近来受到越来越多的关注,一方面是因为企业之间的商业竞争差异化程度在减少,智力资本的价值在增加。根据公司资源和能力的理论,知识是竞争优势的一个重要来源。事实上,绝大多数的有形资产都来自组织的外部,所以竞争优势主要来自在产品中特殊的知识应用方式。知识作为竞争优势来源的重要程度,要比实现创新中的其他部分大得多。另一方面是因为每家企业及个人都面临信息溢出的状况,如何通过知识管理过滤出正确的知识,以制定快速、准确的决策已经成为当务之急。另外,信息技术的高速发展为知识管理提供了良好的硬件支撑,保证了知识管理实现的可能性。

知识管理的定义尚未定论,一般地将知识管理定义成实现组织目标,管理知识的创造、分散和利用等一系列过程的总和。陈劲认为知识管理是管理者为了组织及组织中的个体利益,获得、沟通和使用知识(可用的思想)的一系列过程。

5.4.2 复杂产品系统创新的知识流

在复杂产品系统创新过程中,市场作为沟通媒介的功能被弱化,总供应商与用户、其他供应商、政府部门、分包商及其他相关利益群体进行直接的谈判、沟通与协调。因此,总的来说,复杂产品系统创新网络的维度更多,其创新过程在许多方面与传统产品创新模式尖锐对立。应用于大规模生产过程中的许多理论无法移植到复杂产品系统的创新过程中。复杂产品系统创新过程中的知识流如图 5-8 所示。从图 5-8 中可以看出,复杂产品系统的创新过程由供应商内部业务流程和项目流程两大流程构成。由于复杂产品系统的基本组织形式是跨企业的项目组,因此其创新过程的关键在于项目的设计与开发。

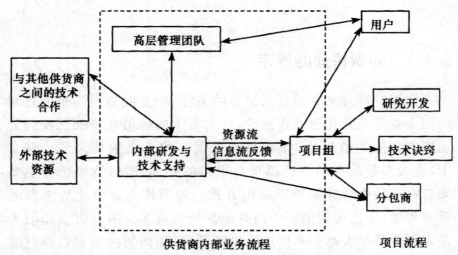

(资料来源:童亮.基于跨组织合作联结的复杂产品系统创新知识管理机制研究 [D].杭州:浙江大学博士论文,2006.)

图 5-8 复杂产品系统创新的知识流

在复杂产品系统创新管理框架中,各个合作企业的价值观和文化存在着很大的差异,如何协调各种组织文化和价值观的冲突是复杂产品系统创新非常值得注意的问题,所以知识管理主要是针对隐性知识的管理。

复杂产品系统包含许多部件和子系统,其创新过程是由多个协作企业联合完成的,这就必然涉及各个企业的相互协调,因此在结合文献阅读的基础上,我们认为在影响复杂产品系统创新知识管理的因素中,组织文化和基础设施(组织结构)是最重要的因素,其次是作为工具的 IT 技术(图 5-9)。

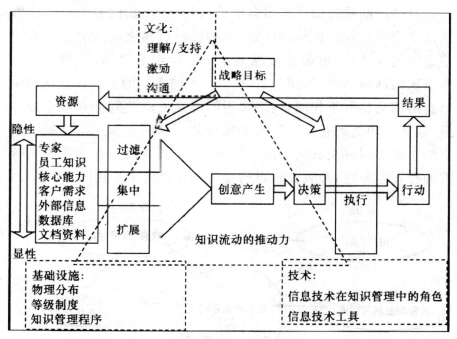

(资料来源:童亮. 基于跨组织合作联结的复杂产品系统创新知识管理机制研究[D]. 杭州:浙江大学博士论文,2006.)

图 5-9 复杂产品系统创新的知识管理模型框架

5.4.3 复杂产品系统创新的组织间知识流动

1. 跨组织合作与复杂产品创新

传统的信息来源带给企业的多数是现在已经成熟的知识,而合作关系则很可能成为新知识的来源。而且,跨组织的联结使得企业甚至可以监察竞争对手产生新知识的情况。

跨组织合作的形成源于企业对合作方的信心,通过合作:一是可以提高资产回报率、增加组织间效率以及降低单位成本;二是隐性的、专有的诀窍知识才会在企业间交换传播,有利于创造出比单纯市场交易更多的经济机会;三是可以使得各个企业减少各自的科层组织带来的行政成本,增加经营灵活性,凭借各自的竞争力构成一条利益链。

复杂产品系统由许许多多的部件构成,产品的开发工作也涉及许多企业和科研机构,这些企业和科研机构之间的关系处理除依靠市场联结外,更多地依靠某个中心组织来联结,并形成一个多层次的网络结构,如图 5-10 所示。不同类别的企业在该网络中所扮演的角色并不相同,网络中不同类别的企业间存在明显的界限,连接不同类别企业群体间的媒介并不相同。而网络中同一类别的企业之间并没有明显的界限,但由于企业自身在技术能力等方面存在差异性,导致其各自所发挥的作用完全不相同。

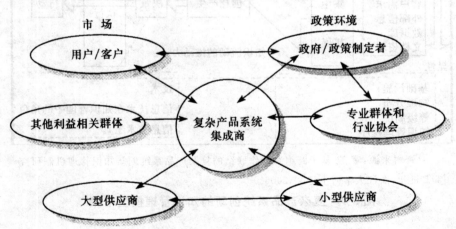

(资料来源:Hobday and Rush,1999.)

图 5-10　复杂产品系统的创新网络

2. 跨组织合作和知识管理

跨组织的合作联系可以给各个企业带来互惠的信息交流,克服上述的交易风险成为创新思想和创新成果相互交换的渠道之一,使企业可以利用有限的资源投入扩展自己的知识来源。

在跨企业的网络中,组织成员能够超越组织边界来传递和集成知识,从而使得合作或联盟各方更具有创新性合作伙伴间的知识流动受到跨组织合作机制(相互信任度、联结强度等)的影响,而且丰富的知识交流将会潜在地影响到合作关系所能产生的绩效。

同时,对于复杂产品系统创新而言,知识管理的一个难点是参与系统开发的人是从不同的单位(地方)聚集起来的,当项目活动一结束,整个团队也随之解散,而且在开发过程中获得的经验表面上看起来与项目本身紧密相关,难以移植。但在很大程度上,这种经验和知识还是有着推广的意义,而且是可传递的。

5.5 复杂产品系统创新的质量控制模型研究

复杂产品系统创新的成功与否对于企业的成长性和生存性来说都是极其重要的,是企业保持竞争优势的技术支撑。质量控制是创新成功的关键环节,几乎所有失败的案例都同不完美的质量控制有关。对复杂产品系统创新质量控制方法进行研究具有重要的现实意义。

5.5.1 对复杂产品系统创新质量控制模型的分析

复杂产品系统创新的过程是一种特殊的创新的过程,是基于传统创新的,但与传统创新过程有明显不同的特征。

1. 系统自身的复杂性

复杂产品系统创新的复杂性不仅体现在其整体结构上,同时也体现在复杂产品系统的各组成部分中。复杂产品系统创新包括一系列的定制单元和子系统,这些组分本身就是非常复杂的,一个零部件的微小变化可能导致整个系统故障。

2. 市场功能和制造功能的弱化

复杂产品系统的特点是小批量、有限的交易数量和政府控制下的有限竞争。复杂产品系统创新并不包含各个阶段的独立生产和扩大再生产。当整个研发过程完成时,其创新过程就结束了。在大多数情况下,复杂产品系统的创新和改善是为了满足客户的需求。因此,复杂产品系统是典型的用户定制产品,无须进行大规模的市场推广。

3. 核心企业同供应商和客户之间的强烈交互作用

在传统的大规模制造产品的创新过程中,用户需求信息是基于市场占有率及交易情况来传递的,通常有一定的滞后性。与其不同的是,在复杂产品系统创新过程中,用户直接参与创新的全过程。客户需求融入到产品开发中是复杂产品系统开发成功的必要因素之一。所谓需求融入,就是把客户需求转化为具体的产品特征及属性。复杂产品系统的集成开发商通过对用户需求的挖掘和转化,并根据自身的技术能力和创新能力,对转化后的产品属性进行识别和细分,实现系统创新。用户需求在开发过程中会发生变化,集成开发必须根据不断提高的客户需求进行修改和完善。此外,在复杂产品系统创新过程中,供应商的角色也发生了变化。供应商不再仅仅是充当核心企业的原材料和设备的提供者,而是需要参与复杂产品系统创新的部分过程。尤其是那些核心供应商,必须参与到整个创新的过程中。

根据上述分析,复杂产品系统创新的质量控制比传统产品的创新更困难、更复杂。因此,必须设计一种能够针对复杂产品系统创新的特点来处理质量控制问题的新方法。

5.5.2 复杂产品系统创新质量链模型的研究

1. 质量链模型的建立

在复杂产品系统创新过程中,质量链模型贯穿于整个创新过程中。质量就是满足用户需要的一组特征值,质量链管理的实质是对节点的选择和控制。质量流的流动过程就是将顾客需求转化为产品质量特性,进而形成相应的产品技术要求的过程。核心企业在质量链中的作用主要是控制和协调其他节点组织的运作方式,优化节点,提升满足顾客要求的能力。各个节点企业本身都具备各自的质量保证体系,在针对某个复杂产品系统创新而形成的质量链中承担不同的质量职能,并将根据运行中要求的不断变化而发生相互影响和相互作用。通过对质量链的分析,可以发现其中出问题以及可能出问题的环节,从而对这些环节进行针对性的改善,以提高产品质量。图 5-11 所示为复杂产品系统创新的质量链模型。

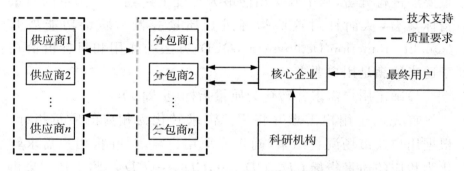

图 5-11　复杂产品系统创新的质量链模型

图 5-11 所示的质量链模型是一个动态的链式结构,会随着生产运作过程的变化而不断变化。它包括横向和纵向两个维度。横向维度表示复杂产品系统创新中设置的各个节点的横向质量管理。节点是在复杂产品系统创新中同核心企业相关的外部组织,如供应商、客户和研究机构等。纵向维度表达了内部的纵向质量管理,包括质量计划、质量管理水平和质量改进等质量方针。质量链模型从系统、集成的角度出发,在制造商、供应商和最终用户之间建立一条敏捷、畅通、受控的优化通路。

在该网络链中,节点由供应商、分包商、核心企业、科研机构和最终用户组成。节点与节点间通过质量信息相连接。节点之间的连线代表质量传输的过程。上游企业依据数量质量要求对下游企业提出技术及产品要求。虚线的方向表示上游企业交付这些要求的方向,并提供可能的技术支持。与此同时,上游企业按照实线方向向下游企业提供产品技术信息,同时参与产品的设计。该方法的运用可以在提高复杂产品系统创新的质量水平的同时有效地降低创新成本。

2. 运用 QFD 方法进行质量指标的重要度确定

质量控制模型运作的关键是对质量信息的控制和把握。资源的限制使得对全部质量指标进行控制不具有现实意义。因此,需要找出一种方法能够将多种用户需求综合考虑,对质量指标的重要度进行分析,从中筛选出能最大程度上达到用户满意的质量指标集合,从而针对这些指标进行质量控制。质量功能展开(Quality Function Deployment,QFD)方法的作用和目标恰恰在于适当地满足用户要求。

1)确定用户需求并转化为质量指标(步骤 1)

首先确定用户需求并将用户需求转化为相应的质量指标。根据用户及市场调查结果,确定 n 项用户需求,并将用户需求转化为相应的质量指标 $CD_1, CD_2, \cdots, CD_i, \cdots, CD_n$。将上述结果再次进行用户及市场调查,得到关于产品质量的用户满意度水平的初始数据,记作 SL。定义条件属性集合 T_N,$T_N = \{CD_1, CD_2, \cdots, CD_n\}$;定义决策属性集合 J_s,$J_s = \{SL_1, SL_2, \cdots, SL_n\}$。各属性的值域由实际情况确定。由此可得到一个决策系统,记作 $J_T = (M, T_N \cup \{J_s\})$。

2)数据转换得出决策表(步骤 2)

将获得的初始数据进行粗糙转换,得到决策表。以决策表的总的分类为基准,相对于此基准,考察删除各个属性后的变化情况。如果删除一个属性后决策不发生改变,则该属性的重要度较小,称为可约去的属性,无须进入下一步骤。反之则重要度大,需进行重要度排序。

3）确定基本重要度向量（步骤 3）

决策表中每一个条件属性的重要度可相应地用于度量 QFD 中质量信息的基本重要度。根据条件属性 CD_i 的重要度 $\beta_i = \beta(CD_i, SL)$，确定相应的质量信息 CD_i 的基本重要度向量 $g = (g_1, g_2, \cdots, g_n)$。

$$g_i = \beta_i / \sum_{i=1}^{n} \beta_i (i = 1, 2, \cdots, n)$$

4）需求重要度修正因子的确定（步骤 4）

步骤 3 所得出的重要度是由质量指标直接评定得出的，没有考虑其他因素对用户质量满意度的影响，因此需要进行修正。根据 CoPS 产品的特点，定义市场竞争排他性优势为基本重要度的修正因子，由 γ_i 表示。

综上所述，最终重要度＝基本重要度×修正因子。

将最终重要度表示为 Z_i，归一化后可得

$$Z_i = (g_i \times \gamma_i) / \sum_{i=1}^{n} (g_i \times i)（其中 i = 1, 2, \cdots, n）$$

随着社会进步，竞争的方式已逐渐向合作联盟方向演变。质量链思想是对质量管理理论、方法与技术的拓展和延伸，围绕顾客关注的关键质量特性进行管理和控制，为跨企业合作过程控制提供了有效工具。

6 系统工程视角的复杂产品系统创新

本章主要对系统工程视角的复杂产品系统创新进行研究,包括基于知识视角改进的复杂产品系统创新过程研究、面向复杂产品系统创新的知识流动模型研究、基于改进 Petri 网的复杂产品系统项目规划模型研究、基于隐性需求开发的复杂产品系统创新模型研究以及基于 DSM 模糊评价的复杂产品开发模式研究。

6.1 基于知识视角改进的复杂产品系统创新过程研究

6.1.1 知识视角下复杂产品系统创新过程的研究

复杂产品系统创新由于是单件制定或小批量生产,整个研发过程完成,产品也随即完成,没有单独的制造和扩大再生产阶段及为产品进入市场的推广过程,因而更加强调知识的作用。与常规创新一般在企业内部进行不同,复杂产品系统创新通常超越企业、行业界限,由许多企业共同组成的网络开发完成,其创新的过程就是多学科知识的集成与融合的过程。知识成为影响复杂产品系统创新成败的关键因素。

复杂产品系统创新的实质是组织的知识获取、整合、共享与创造的过程。因为复杂产品系统需求的扩大性和知识的复杂性,在创新活动中存在知识缺口,需要由各组织成员进行知识共享和知识创造来弥补。如果不首先明确各组织成员知识优势以及知识缺口，缺乏相关知识获取、整合、分享和创造的过程，仅仅按照任务自身的功能和技术要求进行分解、外包，可能导致分包商因不能获得相应的知识而无法成功完成模块开发。这就将直接导致整个复杂产品系统开发周期延长，成本增加，甚至创新失败。因此，将知识供应链考虑在复杂产品系统的创新过程中是十分必要的。

6.1.2   改进的复杂产品系统创新过程模型

基于知识供应链的复杂产品系统创新的过程模型分为 9 个步骤，分别是创新任务、知识源分析、知识模块划分、构建知识供应链、核心技术解决、外包选择、模块开发、系统集成、交付并跟踪完善。该过程模型如图 6-1 所示。

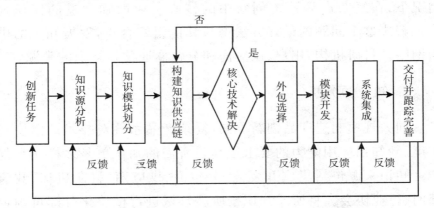

图 6-1   基于知识供应链的复杂产品系统创新过程模型

同目前典型的复杂产品系统创新过程模式相比较，本文提出的过程模型增加了 4 个步骤，分别是知识需求确定，知识源分析，构建知识供应链以及核心技术解决。这 4 个步骤体现了复杂产品系统知识创新的复杂性和重要性。因其他步骤（创新任务、外包选择、模块开发、系统集成、交付并跟踪完善）已有文献详细解释，本文不再赘述，下面仅就改进阶段进行详细说明。

1. 知识需求的确定

复杂产品系统创新的动力来自于用户需求,是典型的需求拉动式知识供应链,是由知识需求者和知识供应者组成的多层、多节点的复杂知识网络。在这一需求拉动式知识供应链中,知识需求确定的关键是对用户需求信息的控制和把握。知识资源的限制使得对全部用户需求进行开发不具有现实意义。因此,需要找出一种方法将多种用户需求综合考虑,从中筛选出能最大程度达到用户满意的技术指标集合,分析实现这些技术指标所需的知识,从而可以确定知识缺口。该步骤的关键部分是对技术指标重要度的准确分析,可采用质量功能展开(Quality Function Deployment,QFD)方法。运用 QFD 方法可确定需要进行的制造及工艺过程,并随之明确相应的知识需求及缺口。通常情况下,在复杂产品系统创新中的核心企业面临大量的知识缺口。解决这个问题的最好方法是与其他组织合作,发展知识的供需网络。科研机构、用户、供应商和分包商通常是知识的来源。

2. 知识源分析

同大规模制造产品创新不同,复杂产品系统对技术的深度和广度、新知识应用能力的要求很高。所需的知识更是多样化和复杂。知识来源包括集成开发商、分包商、供应商、科研机构、政府部门、行业协会。将所需知识按所属领域进行模块化分即可确定相应的知识源。

3. 构建知识供应链及核心技术解决

根据此次创新的具体知识来源,核心公司在此基础上可以形成知识供应链。图 6-2 所示为知识供应链的知识关系图,其中节点是选定的知识来源,知识节点之间的关系是知识供应与需求。其中心节点是集成开发商,是知识的最终需求者和知识供应链的管理者。

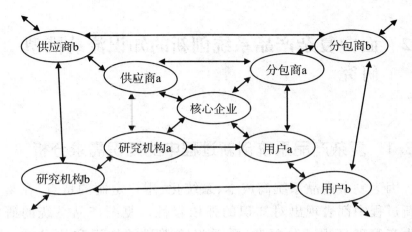

图6-2 复杂产品系统创新知识供应链模型

通过该模型,核心企业可以清晰直观地看出前面步骤所分析出的知识缺口是否已全部覆盖。每个具体的核心技术所需的知识能通过该模型迅速定位知识源,进行相关知识的整合、创新,从而解决问题。在复杂产品系统创新过程中,随着各阶段的推延,产品的功能、技术指标、部件结构材料工艺、制造资源等技术知识相互传递、相互影响、相互制约,并且逐步、逐层反馈,整体知识呈现螺旋上升的态势。当技术指标等要求发生变化时,会形成新的知识缺口,可能存在新的知识源,这就需要在知识供应链上进行补充。构建知识供应链及核心技术解决这一步骤可能会反复多次,直至最终形成完整的解决方案。核心企业在相关技术问题解决后才能制定产品的设计、生产等具体操作策略。

由于复杂产品系统研制和开发综合程度高,涉及多个技术领域,能够推动多个相关产业的发展及相关产业链的升级。目前,我国正处于产业升级换代的关键时刻,对复杂产品系统的创新模式进行研究有助于解决复杂产品系统创新的深层次问题,为复杂产品系统创新理论及创新实践提供新的解决途径,具有提升我国基础创新能力的重要的现实意义。

6.2 面向复杂产品系统创新的知识流动模型研究

6.2.1 复杂产品系统创新过程中的知识需求分析

因为复杂产品系统高成本、系统化、用户定制的特点,在整个创新过程中都表现出对知识的强依赖性。复杂产品系统的研发和生产管理过程十分复杂,需要将跨学科的知识和技术融入其中。这种跨组织合作参与的现状使得创新所需的知识来源于具有不同的组织文化和技术背景的企业和团队,形成一个层次结构复杂、涉及范围广泛的知识资源体系,增加了创新过程中知识整合和管理的难度。

复杂产品系统创新过程的各个阶段都涉及跨组织的协作和知识的交流。首先,集成开发商在获取订单之后,需要综合运用前期的知识储备和获得的新知识将用户的模糊需求转化为清晰的技术概念。其次,集成开发商在对相关关键技术、信息和运行原理了解的基础上分析整个系统方案以及功能需求,划分若干模块。在进行模块分包时,要搜集分包商的相关信息建立资料库,同时由于复杂产品系统自身的复杂性及研发的不确定性,需要对分包商进行合理评价和全面估计。在模块研发过程中,各研发团队需要掌握和运用各学科的前沿知识、技术和生产技能来实现相应的创新。模块完成之后的系统集成涉及各模块间的协调运作,需要跨组织的沟通和知识共享。最后,产品交付完善阶段的关键实际上是知识的交接和转移,将相关知识转移给用户,使用户能很快掌握操作和维护技能。在产品交付完成之后,系统的集成开发商仍需不断学习新知识以升级完善系统。由此可见,复杂产品系统创新开发的每一阶段都体现出对知识的需求和依赖。可以说,复杂产品系统创新过程实质上就是一种知识流动的过程。

6.2.2 复杂产品系统创新中的知识流动模型

在复杂产品系统创新中,知识成为决定其竞争优势的重要资本和物质资源整合的主要工具。知识唯有流动才能成为系统开发商的核心能力,知识流动能够形成一种螺旋式的推动力量促使创新的实现。在知识流动的过程中,各类知识元素经过转化、融合、集成等过程实现整合。复杂产品系统开发的各分包商之间、分包商同集成开发商之间通过知识流动获取合作伙伴的知识和技能,同时将所获得的知识与自身的核心能力相融合,创造出新的知识,提高整个组织的创新能力和竞争水平。

复杂产品系统创新过程中的知识流动表现为知识在集成开发商驱动下的转移、共享、整合和学习过程。知识在各创新模块之间的流动过程是一个长期动态的过程,包括知识的识别与转化、知识的共享与转移、知识流动的管理三大阶段。

1. 知识的识别和转化

知识包括显性知识和隐性知识。显性知识是指能够以书面记录、数字描述、技术文件、手册报告等正式语言明确表达和交流的知识;隐性知识是指各种无形因素的知识,是建立在个人经验基础之上的。复杂产品系统的开发过程是一个复杂的系统工程,包括组织结构、技术标准等显性知识以及其他大量的隐性知识。复杂产品系统的开发过程中,隐性知识因不易被组织外部的企业所模仿而更具价值,是竞争优势的重要来源。

隐性知识的发掘和转化对复杂系统创新而言显得尤为重要。通过持续地对现有技术资料的研究,内、外部资源的挖掘以及过往开发经验的回顾,实现对隐性知识的搜寻和识别。Polanyi 指出,隐性知识是深深根植于个体、难以编码的知识,只能在特定条件及区域内通过学徒式的培训及面对面的互动方式进行传播,通过人的观察、模仿及实践在组织内和组织间进行转移。隐性知识主要存在于知识型员工中,需要将员工的隐性知识通过社会化过程传递给组织内其他成员将其显性化。可采用组建学习团队的模式,由掌握不同知识与技能的人员组成并将个人知识与其他成员进行交流,使组织成员的个人知识转化为整体的共同知识,从而实现隐性知识的显性化。

2. 知识的共享与转移

知识在组织中有效转移是实现知识充分共享的重要基础。知识的转移成本、知识自身的特性、知识提供者和接受者的能力是影响知识移转的关键因素。知识的转移成本主要受转移经验、所转移技术的新颖程度等因素的影响。知识的自身特性是指知识的复杂程度和知识的可教导化程度。在知识流动的过程中,知识流动的速度和动力同时受上游分享组织和下游接受组织的双向影响。上游知识组织所分享的知识单元的价值越高,则知识流动的推力就越强;下游目标组织获取知识的吸收能力越强,知识流动的拉力就越强。

复杂产品系统开发的模块化组织形式有利于知识的流动。这种柔性的组织形式使内部其他合作伙伴的知识、技术、能力等资源能对外界环境的变化快速做出反应,随时分享、整合和创造知识。知识的共享过程就是学习的过程。在复杂产品系统创新的知识流动过程中,集成开发商是整体组织的技术领导者和技术创新的驱动者。知识在各个供应商与集成开发商之间双向流动。在集成开发商的组织和带领下,各分包商通过知识共享吸收和利用新知识从而提高自身的创新能力。设计人员之间的反复沟通不仅能加深彼此对创新要求的理解,而且有助于各方人员显性知识与隐性知识的交换,形成共同知识。集成开发的各个成员企业进行知识共享可以促进合作主体间的技术融合,实现优势互补,缩短技术创新周期。创新的成功对所有集成开发的成员企业都是有益的,各成员企业必然会积极地贡献出自身的技术知识。

3. 知识流动的管理

复杂产品系统创新中知识流动的管理关键是防止关键知识

在流动中外泄。由于复杂产品系统的创新的复杂性,整个开发过程可能会涵盖几十甚至上百家分包企业。如何防止众多的成员企业不会未经许可将知识用于别的产品或将关键知识外泄给其他企业,尤其是竞争对手企业,是知识流动管理中的难点和关键。对知识流动管理的失败不仅会影响系统创新的效果,甚至可能会导致集成开发商丧失竞争的优势地位。集成开发商必须明确哪些知识可以共享,哪些知识应该保密。成功的知识流动的前提是自身核心知识的保护,以保证企业的核心能力和竞争优势。可以采取合同回避等方法加强对知识流动的管理。

复杂产品系统柔性和动态的组织结构为知识流动提供了渠道和动力。知识的流动能够最大限度地发挥知识资源的优势。复杂产品系统的集成开发商和各分包商为了拥有持久的竞争优势,必须持续吸收和创造新知识。组织中各成员间的知识的流动和整合能给整个组织带来新的思维,有利于新知识、新技术的创造。知识流动能在系统层面上激发创造的活力,使企业保持动态性和竞争优势。

6.3　基于改进 Petri 网的复杂产品系统项目规划模型研究

目前,人们的注意力主要集中在复杂产品系统的管理模式以及组织形式方面,还没有从项目规划及生产调度的角度对复杂产品系统进行分析。本节综合考虑企业资源限制情况,运用改进的 Petri 网,提出了一种复杂产品系统的项目规划过程模型。

6.3.1　CPM 方法及其局限性

关键路径法(Critical Path Method,CPM)作为项目管理技术的一个核心工具,是 1957 年由美国杜邦公司和兰德公司联合研究提出的。它通过箭线图或节点图来描述各项活动以及它们之间的关系,并在此基础上进行网络分析,计算网络中各项时间参数,确定关键路线和关键任务,主要用于统计估测任务的时间分配和完成项目所需要的时间。多年来,该方法在各个领域都得到了普遍的运用,并取得了巨大成功。

CPM 明确地描述了活动的优先顺序关系,但没有涉及资源概念,连接各个节点的有向弧无法表示出节点间的资源制约关系。因此,CPM 主要被用来处理无资源约束下的时间估计问题。然而,对复杂产品系统的生产开发而言,生产资源的限制是一个需要重点考虑的问题。复杂产品系统项目的集成开发商首先要考虑的问题就是如何在一定的资源约束下确定合理的、可完成的项目工序及完成时间。CPM 图无法表示出资源对项目规划的影响,而资源限制在复杂产品开发项目中又是无法避免和必然存在的,资源的数量将影响各活动节点的顺序。因此,需要一种能够有效描述和规划复杂产品开发项目中资源限制关系的方法。近年来,Petri 网作为一种可以描述和处理生产过程中资源竞争或者活动冲突的方法,在工程设计领域得到越来越多的人的重视、研究和应用。

6.3.2　Petri 网与 CPM 方法的集成

Petri 网是 20 世纪 60 年代由德国数学家卡尔·A·佩特里发明的一种图形建模工具,近年来在生产制造领域得到广泛的应用。利用 Petri 网图形可以形象地反映并且准确地分析资源冲突以及资源对整个项目进度的影响。Petri 网主要由四元素构成,即库所(Place,圆形节点)、变迁(Transition,方形节点)、有向弧(Connection,连接库所和变迁之间的有向弧)和令牌(Token,库所中的动态对象,可以从一个库所移动到另一个库所)。例如,如图 6-3 所示的活动 A_1 的 Petri 网结构。

图 6-3 中,P_1^S 表示节点 A_1 的初始状态;P_1^C 表示活动的持续状态;P_1^E 则表示活动的结束。该节点活动可以表示为 2 个变迁:T_1^S 表示活动 A_1 开始;T_1^E 表示该节点活动结束。

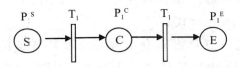

图 6-3 Petri 网图示

通过对 Petri 网以及 CPM 方法的研究发现,在处理复杂产品系统项目进度管理中遇到的问题时,这两种方法各有优劣,并且它们之间恰恰可以取长补短。CPM 的基本用途是根据活动时间的依赖关系规划产品开发过程,描述活动关系、活动排序等;其优点是能够根据活动之间的依赖关系和时间分配对活动进行排序,而缺点是没有涉及资源。Petri 网的拓扑结构使其适合描述子项目调度的并发、资源竞争以及同步特性;缺点是不能根据活动之间的依赖关系对活动进行排序,不能描述和处理活动之间的关系。基于以上比较分析,Petri 网和 CPM 恰恰分别适合依次解决复杂产品系统项目进度管理不同阶段中遇到的问题:用 CPM 确定各项活动之间的关系以及关键路径——对形成的 CPM 网络图中的各个节点进行 Petri 网转换,然后对整理后的 Petri 网进行仿真,记录不同资源数量时各个变迁的触发顺序和触发时间,按照仿真结果用 CPM 图进行节点排列。值得指出的是,虽然关于 Petri 网以及 CPM 方法已经分别有了比较成熟的研究和应用,然而大多数研究和应用都是将其割裂开来独立进行的,没有系统地看待和思考复杂产品系统项目的规划问题,因此也没有形成一个系统化和集成化的解决方案。针对这种状况,本文提出了将 CPM 网络图同 Petir 网相结合的改进 Petri 网的方法进行项目规划。

6.3.3 项目规划过程

项目规划过程主要由以下几个步骤来实现:
步骤 1 定义复杂产品系统项目的各功能活动;
步骤 2 根据功能活动的依赖关系构建 CPM 网络图,确定关键路径,从而制订具体的进度计划;

步骤3　将资源因素添加至步骤2的CPM图中,把每个节点都转化为Petri网的形式;

步骤4　把节点全部转化完毕后,对各节点的资源库所进行叠加,因为所有活动都是从同一个资源库所获取资源的;

步骤5　利用Petri网仿真软件进行仿真,按照仿真结果进行节点排列,最后绘制出不同资源条件下的CPM图。

复杂产品系统自身的特性决定了项目规划的重要性和复杂度。运用改进Petri网的方法进行项目规划,保留了Petri网模型对资源变化及影响的有效反应,体现了CPM图图形直观、工作线路清晰、时间节点明确等优势,因此可以在复杂产品系统的生产装配过程中根据生产资源的变化情况实时调整项目规划,从而使项目得以最优化。

6.4　基于隐性需求开发的复杂产品系统创新模型研究

6.4.1　基于隐性需求开发的复杂产品系统创新机理分析

复杂产品系统具体的设计指标和方案是在开发过程中由用户需求转化而来并最终确定的。然而,开发初期用户需求信息的不完备性会导致开发过程充满方案变动和修改,甚至在最终系统试制出来后,用户也很有可能对其提出新的要求。

变动次数会因开发系统的复杂程度的提升而增加。同样,开发成本和周期也会随之显著上升。因此,系统开发商不仅要尽力满足用户的显性需求,更应发现用户自身未意识到的潜在需求。

所谓显性需求是指消费者已经意识到的、能够清楚表达出来的,用于达到基本期望的一种内在要求和行为状态。所谓隐性需求是指消费者为获取高层次的精神满足产生的或客观事物与刺激通过人体感官作用于人脑所引起的一种潜意识、未明确表述的,并能够实现或超越消费者期望的一种心理要求和行为状态。隐性需求与显性需求是相对的,隐性需求可以通过一定的转化过程而表现为显性需求从而被企业和用户认知。

用户需求能引导复杂产品系统创新的方向,复杂产品系统创新又能进一步提升用户需求的层次,创新与需求形成动态的良性循环。客户需求尤其是隐性需求融入到产品开发中是复杂产品系统开发成功的必要因素之一。所谓需求融入,就是把客户需求转化为具体的产品特征及属性。复杂产品系统集成开发商通过对用户隐性需求的挖掘和转化,并根据自身的技术能力和创新能力对转化后的产品属性进行识别和细分,通过产品属性的不同组合或不同表现形式实现系统创新。

6.4.2 基于隐性需求开发的复杂产品系统创新模型

隐性需求转化为系统创新,需要首先将隐性需求转化为显性需求。从转化机理来看,该过程主要包括创新程度、用户显性需求、用户隐性需求三个维度。整体转化及创新过程综述如下。

1. 隐性需求的识别和预测

其目的是识别顾客隐性需求并且提前准备,以最小代价和最快速度对当前的复杂产品系统做出调整和创新,从而赢得主动权。通过持续地对现有技术资料的研究,内、外部资源的挖掘以及过往开发经验的回顾,实现对隐性需求的搜寻、识别和预测,使新的创新思维源源不断地从用户处转移到开发的具体环节中。在这一步骤的实际应用中,隐性需求识别和预测的准确度是成功的关键。错误的需求识别会导致由此转化而来的产品属性和功能不满足用户实际需求,既增加开发周期和成本,同时又造成浪费。

2. 隐性需求的开发甄选

与其他的物质资源不同,用户需求资源是抽象、动态和复杂的,但其与物质资源有着相同的价值属性。复杂产品系统的集成开发商在不同时期会设定不同的企业战略或随时调整发展战略，用于转化为创新指标的需求选择标准也会随之发生相应改变。因此，在识别或预测出的需求集合中挑选出恰当的需求资源进行开发是至关重要的。

企业在进行需求甄选时应采用动态的优化方法。首先，用户需求是动态的，会随着国内外技术发展和市场的变化不断地进行调整。其次，因为隐性需求通常是用户自身还未意识到的需求，当这些额外属性提供给用户时，可能会带给他们惊喜的感觉，但也可能存在风险。复杂产品系统的集成开发商在进行需求甄选时必须充分考虑到各种风险，时刻关注顾客需求的变化，并在此基础上随时调整选择标准。

3. 隐性需求向显性需求以及最终产品功能指标的转化

这一步骤的转化可以利用多种方法实现，如产品功能展开（QFD）、价值创新工程（VCE）或灰决策等。关键是要将多种隐形需求综合考虑，进行需求细分，从中筛选出不同的功能集并将其转化为新产品。

4. 复杂产品系统新产品的设计、试制、生产

根据上述得到的功能指标设计具体的创新方案，并进行试制。即使用户的隐性需求已经融入到实际的设计标准中，这一过程仍然可能会反复几次。

当目前的复杂产品系统创新暂时满足用户需求后，随着用户对系统功能认知程度的增强和内、外部环境的变化，又会产生新的隐性需求。这就促使复杂产品系统的集成开发商进行第二轮的开发，开发过程仍然重复上述 4 个步骤，整个创新链交叉前进。

任何一种新产品或新服务都难以持久，这就要求每家企业必须不断地创新才能占领或扩大相应的市场份额。由于复杂产品系统自身的特殊性，其整个创新过程都是以最终用户为导向的，用户的需求和偏好才是产品开发成功与否的关键。为此，企业要

想取得创新的成功，必须深入开发用户的隐性需求，注重研究潜在市场，通过技术方法将隐性需求转化为显性需求，建立以用户需求为先导的产品开发机制和主体目标，并将其贯穿于整个产品开发过程中，才能创造最佳的市场利益。

6.5　基于 DSM 模糊评价的复杂产品开发模式研究

6.5.1　CPM 与 DSM 的结合

设计结构矩阵（Design Structure Matrix，DSM）是产品开发中常用的设计工具，以一个 $n \times n$ 阶矩阵表示、矩阵的第一行和第一列由代表相同顺序的活动元素构成，矩阵中的其余元素则用来描述每个活动之间是否存在相互联系。用 0（或空格）代表无关，用 1 代表有关，则 DSM 就是一个由 0（空格）和 1 组成的 n 阶的二元结构方阵。

通过对 CPM 及 DSM 方法的研究发现，DSM 的基本用途是根据活动之间的依赖关系或信息流对活动进行排序，规划产品开发过程。其优点是能够清楚地描述并处理迭代活动关系；缺点则是没有涉及资源和时间分配。CPM 则是在确定关键路径的基础上对整个系统进行组织、协调和控制，以达到最有效地利用资源，并用最短的时间来完成系统的预期目标。其优点是能够进行比较准确的时间和资源分配，而缺点是在网络模型中不能出现回路，不能描述和处理迭代活动关系，对于不确定因素较多的开发项目不能完成管理和决策的职能。

基于上述比较分析，DSM 和 CPM 的互补性恰恰适用于产品开发的不同阶段，即：

（1）首先采用 DSM 方法处理产品开发过程中的迭代问题并对其进行优化；

（2）对优化后的开发过程用CPM确定关键路径并制订进度计划。

值得指出的是,虽然关于DSM和CPM本身的独立的研究和应用都已经比较成熟,然而很少有文献将CPM与DSM联系起来。在进行产品优化时往往只能关注一个领域的因素,而忽视了另一个层面的约束条件。这就导致其得出的结果往往无法达到最优。针对这种相对割裂的研究状况,本节提出了系统化的产品开发模式。

6.5.2　CPM与DSM集成的产品开发规划模型的提出

现将产品开发的规划模型综述如下:

步骤1:定义产品开发项目,确定候选开发方案。

步骤2:对候选开发方案进行评价。

步骤3:将选定的产品开发方案按照相应的功能活动进行细分,一般采用工作分解结构图实现。

步骤4:建立进度计划DSM模型。

步骤5:处理DSM模型并消除迭代活动关系,该步骤为关键步骤。

消除迭代活动时,通常有两种不同的处理方式,即解开迭代和加强迭代。

（1）解开迭代。解开迭代是指将迭代在其最薄弱处断开,并赋予由此无法获得信息的活动一个假设的输入值。

（2）加强迭代。加强迭代是指将多个迭代活动视为一个整体来考虑,同时把项目中其他活动同各个迭代活动的关系转换成与该整体的关系。

对那些经过解开迭代或加强迭代的活动的时间或成本等指标要做相应调整。由于学习曲线效应,当活动重复时,需要的时间往往少于第一次进行时需要的时间,并随重复次数的增加而递减。本节依据学习曲线公式计算重复活动的持续期,计算公式如下:

$$迭代活动的持续期 = \sum_{i=1}^{n} t_i (1 + N^n)$$

式中 N^n 为迭代因子，N 为迭代次数；

n——学习率，$n = \ln\phi / \ln 2$；

t_i——活动 i 的持续期。

步骤 6：依据处理后的活动关系构建 CPM 网络图并确定关键路径。

步骤 7：对生成的产品开发项目规划予以实施、监督和控制。

面对越来越激烈的全球化竞争形势，产品开发项目急需一个集成化和系统化的管理方案。产品开发项目的系统化管理方法从系统的观点出发，首先综合运用层次分析法与模糊综合评价对候选的优化项目进行评价，辅助管理层做出最优的选择决策。其次，对选定的优化项目的实施过程进行管理。通过实现产品工程 DSM 模型与项目规划的 CPM 网络模型间的动态连接，集成了过程优化方法和项目进度计划和控制方法，可以对开发过程中的结构进行更加清晰的描述。本节提出的方法提供了一种系统化的交流机制，来保障开发过程中管理层与项目管理人员之间、设计师与项目管理人员之间能及时沟通，保证信息传递的高效性、有效性和及时性，提高整个开发活动的效率，进一步加强了对产品的理解和认识，达到缩短设计开发周期、控制开发成本等目的，最终确保产品开发的成功。

参考文献

[1] 谭跃进, 罗英武, 罗鹏程, 等. 系统工程原理[M]. 2 版. 北京: 科学出版社, 2017.

[2] 郝勇. 系统工程方法与应用[M]. 上海: 上海科学普及出版社, 2016.

[3] 王众托. 系统工程[M]. 2 版. 北京: 北京大学出版社, 2015.

[4] 严广乐. 系统工程导论[M]. 北京: 清华大学出版社, 2015.

[5] 陶家渠. 系统工程理论与实践[M]. 北京: 中国宇航出版社, 2013.

[6] 王华伟, 高军. 复杂系统可靠性分析与评估[M]. 北京: 科学出版社, 2013.

[7] 杜栋, 庞庆华, 吴炎. 现代综合评价方法与案例精选[M]. 3 版. 北京: 清华大学出版社, 2015.

[8] 何晓群, 刘文卿. 应用回归分析[M]. 4 版. 北京: 中国人民大学出版社, 2015.

[9] 孙东川, 林福永. 系统工程引论[M]. 3 版. 北京: 清华大学出版社, 2014.

[10] 汪应洛. 系统工程[M]. 5 版. 北京: 机械工业出版社, 2015.

[11] 陈队永. 系统工程原理及应用[M]. 北京: 中国铁道出版社, 2014.

[12] 吴祈宗. 系统工程[M]. 北京: 北京理工大学出版社, 2015.

[13] 陈磊, 李晓松, 姚伟召. 系统工程基本理论[M]. 北京: 北京邮电大学出版社, 2013.

[14] 齐欢. 系统建模与仿真[M]. 北京: 清华大学出版社, 2013.

[15] 梁军. 系统工程导论[M]. 2 版. 北京: 化学工业出版社, 2013.

[16]白思俊,等. 系统工程[M].3 版.北京:电子工业出版社,2013.

[17]耿素云,张立昂. 离散数学[M].5 版. 北京:清华大学出版社,2013.

[18]刘军,张方风,朱杰. 系统工程[M]. 北京:清华大学出版社;北京交通大学出版社,2013.

[19]周德群. 系统工程概论[M].2 版.北京:科学出版社,2010.

[20]张国志,杨光,巩英海. 复杂系统可靠性分析[M]. 哈尔滨:哈尔滨工业大学出版社,2009.

[21]刘兴堂,梁炳成,刘力,等. 复杂系统建模理论、方法与技术[M].北京:科学出版社,2008.

[22]陈劲. 复杂产品系统创新管理[M].北京:科学出版社,2008.

[23]钱学森,许国志,三寿云. 论系统工程(新世纪版)[M]. 上海:上海交通大学出版社,2007.

[24]水藏玺,许艳红. 管理成熟度评价理论与方法[M]. 北京:中国经济出版社,2012.

[25]孙宏才,田平,王莲芬. 网络层次分析法与决策科学[M]. 北京:国防工业出版社,2011.

[26]汪应洛. 系统工程[M].4 版.北京:机械工业出版社,2011.

[27]原菊梅. 复杂系统可靠性 Petri 网建模及其智能分析方法[M].北京:国防工业出版社,2011.

[28]张晓冬. 系统工程[M].北京:科学出版社,2010.

[29]谭跃进. 系统工程原理[M].北京:科学出版社,2010.

[30]陈英武. 系统工程原理[M].北京:科学出版社,2010.

[31]Albert R,Barabási A. Statistical mechanics of complex networks[J]. Review of Modern Physics,2001,74(1):xii.

[32]曾科. 系统工程的建模问题[J].工业工程,2000,3(4):40 - 43.

[33]张楚贤,李世其,蔡洌. 现代工程系统建模与仿真方法[J].系统工程,2007,25(2):111 - 115.

[34]陈红涛,邓昱晨,袁建华,等. 基于模型的系统工程的基本原理[J].中国航天,2016,32(3):18 - 23.

[35]魏发远.复杂系统仿真模型的分层确认[J].计算机仿真，2007,24(7):123.

[36]陈顺立.基于人工神经网络的动态系统仿真模型和算法研究[J].煤炭技术,2012,31(1):219-220.

[37]陈劲,黄建樟,童亮.复杂产品系统的技术开发模式[J].研究与发展管理,2004,16(5):65-70.

[38]Zio E. Reliability engineering:Old problems and new challenges[J]. Reliability Engineering and System Safety,2009,94(2):125-141.

[39]李哲,王永,滕霖.航空产品的可靠性工程实践[J].中国质量,2010,3:19-22.

[40]于丹,李学京,姜宁宁,等.复杂系统可靠性分析中的若干统计问题与进展[J].系统科学与数学,2007,27(1):68-81.

[41]黄进永,冯燕宽,张三娣.复杂系统理论在复杂网络系统可靠性分析上的应用[J].质量与可靠性,2009,5:23-27.

[42]金星,张明亮,王军,等.大型复杂系统可靠性评定的近似计算方法[J].装备指挥技术学院学报,2004,15(5):53-56.

[43]陈占夺,汪克夷.复杂产品系统的复杂性对知识管理的影响探讨[J].科学学与科学技术管理,2007,28(5):101-105.

[44]陈宝禄.基于系统分析的可持续发展系统研究模式[J].西安电子科技大学学报,2009,19(5):74-83.

[45]王锋,马大为,吴晓云.系统工程方法论[J].中国学术期刊文摘,2008(17):19.

[46]任军号,薛惠锋,寇晓东.系统工程方法技术发展规律和趋势初探[J].西安电子科技大学学报(社会科学版),2004,14(1):18-22.

[47]郭宝柱.再谈系统工程方法[J].航天工业管理,2007(5):18-22.

[48]陈劲,周子范,周永庆.复杂产品系统创新的过程模型研究[J].科研管理,2005,26(2):61-67.

[49]冉龙,陈劲,董富全.企业网络能力、创新结构与复杂产品系统创新关系研究[J].科研管理,2013,34(8):1-8.

[50]刘延松.复杂产品系统创新能力研究[D].西安:西安科技大学,2008.

[51]车宏安,顾基发.无标度网络及其系统科学意义[J].系统工程理论与实践,2004,24(4):11-16.

[52]吴金闪,狄增如.从统计物学看复杂网络研究[J].物理学进展,2003,24(1):18-46.

[53]陈劲,童亮,黄建樟,等.复杂产品系统创新对传统创新管理的挑战[J].科学学与科学技术管理,2004,25(9):47-51.

[54]童亮,陈劲.基于复杂产品系统创新的知识管理机制研究[J].研究与发展管理,2005,17(4):45-52.

[55]刘延松.复杂产品系统创新过程模式研究[J].研究与发展管理,2010,22(6):71-76.

[56] Quigley J, Walls L. Confidence intervals for reliability-growth models with small sample-sizes[J]. IEEE Transactions on Reliability,2003,52(2):257-262.

[57]王华伟,周经伦,何祖玉,等.小样本复杂系统可靠性增长评定研究[J].系统工程与电子技术,2003,25(4):425-426,431.

[58]刘琦,武小悦.复杂系统可靠性增长试验评价的集成分析模型[J].系统工程理论与实践,2010,30(8):1477-1483.

[59]邹树梁,吕玉航,陈甲华.复杂产品系统创新组织模式探析[J].技术与创新管理,2009,30(3):324-327.

[60]潘若东,司春林.复杂产品系统创新过程管理研究[J].科技进步与对策,2009,26(6):8-12.

[61]伍佳妮,夏维力.基于知识管理的复杂产品系统创新机制研究[J].情报杂志,2008,27(11):130-133.

[62]庄永耀,姚洁盛,刘岩.我国复杂产品系统创新理论研究综述及研究展望[J].科技管理研究,2011,31(21):12-15.

[63]王秀红,索晶.基于复杂性测度的复杂产品系统创新模式研

究[J].产业与科技论坛,2016(6):35-36.

[64]曹郑玉,叶金福,邹艳.面向复杂产品系统创新的知识管理系统模型研究[J].世界科技研究与发展,2008,30(1):96-99.

[65]李总根.大型复杂系统可靠性综合的信息熵方法[J].中国安全生产科学技术,2008,4(3):54-58.

[66]Graves T L,Hamada M S,Klamann R,et al. A fully Bayesian approach for combining multi-level information in multi-state fault tree quantification[J]. Reliability Engineering and System Safety,2007,92(10):1476-1483.

[67]Schueller G I,Pradlwarter H J,Koutsourelakis P S. A critical appraisal of reliability estimation procedures for high dimensions [J]. Probabilistic Engineering Mechanics,2004,19:463-474.

[68]Wang P F,Youn B D,Xi Z M,et al. Bayesian reliability analysis with evolving,insufficient and subjective data sets[J]. Journal of Mechanical Design,2009,131(11):111008.1-111008.11.

[69]Dong M,He D. Hidden Semi-Markov model-based methodology for multi-sensor equipment health diagnosis and prognosis[J]. European Journal of operational Research,2007,178(3):858-878.

[70]刘航.基于知识视角改进的复杂产品系统创新过程研究[J].科学管理研究,2012,30(5):45-47.

[71]刘航.基于粗糙QFD方法的复杂产品系统波形推进模型[J].统计与决策,2011(7):174-176.

[72]刘航.面向复杂产品系统创新的知识流动模型研究[J].制造业自动化,2011,33(3):81-82.

[73]刘航.基于改进Petri网的复杂产品系统项目规划模型研究[J].中原工学院学报,2011,22(2):62-65.

[74]刘航.基于DSM模糊评价的复杂产品开发模式研究[J].统计与决策,2011(1):53-56.

[75]刘航.基于隐性需求开发的复杂产品系统创新模型研究[J].制

造业自动化,2010(15):166-168.

[76]桂彬旺.基于模块化的复杂产品系统创新因素与作用路径研究[D].杭州:浙江大学,2006.

[77]张洪石.突破型创新组织模式实践[D].杭州:浙江大学,2005.